U0857833

连续十余年畅销全球，发行数百万册
译成法、德、意、俄、朝鲜、日、阿拉伯等多种语言

21世纪的意念力

Mind Power Into The 21st Century

〔加〕约翰·基欧（John Kehoe） 著
路雅琴　孔韶辉　译

求真出版社

图书在版编目（CIP）数据

21世纪的意念力/（加）基欧 著；路雅琴，孔韶辉 译．—北京：求真出版社，2010.10
ISBN 978-7-80258-073-2

Ⅰ.①2… Ⅱ.①基…②路…③孔… Ⅲ.①下意识—通俗读物
Ⅳ.①B842.7-49

中国版本图书馆CIP数据核字（2010）第180094号

MIND POWER INTO THE 21ST CENTURY by John Kehoe

著作权合同登记号：图字：01-2010-1497

21世纪的意念力

著　　者：[加] 基欧
译　　者：路雅琴　孔韶辉
版权联络：包国红
责任编辑：包国红
出版发行：求真出版社
社　　址：北京市丰台区卢沟桥城内街39号
邮政编码：100165
印　　刷：北京东君印刷有限公司
经　　销：新华书店
开　　本：700×1000　1/16
字　　数：100千字
印　　张：9
版　　次：2010年11月第1版　2010年11月第1次印刷
书　　号：ISBN 978-7-80258-073-2/B·10
定　　价：26.00元
编辑热线：（010）83891765
销售服务热线：（010）83892478　83895215　83895438

致 谢

感谢乔伊斯·汉密尔顿帮助我从演讲转向写作，她的指导促成了本书的问世。感谢里克·比尔斯图和詹妮弗·比尔斯图夫妇为本书提出的建议和所做的编辑工作。还要感谢我的朋友、生意伙伴索拉亚·奥斯曼，是她的坚持促使我行动起来，写书，出书。最后感谢我的妻子西尔维娅，感谢她给我的爱、给我的支持和陪伴。感谢所有的人。

约翰·基欧

目　录

序

数百万人的生活曾经受到这本经典自助手册的影响，我就是其中之一。我第一次阅读《21 世纪的意念力》是在 1997 年。它语言简洁明快，揭示的真理深邃有据，立刻给我留下了深刻的印象。于是我开始将从书中学到的技巧付诸实践，很快就发现自己的生活发生了显著变化。

这本书带给我的最大收获是它让我深刻地意识到，世上没有偶然，思考的质量直接决定生活的质量。于是我成为了一个“意念力”的狂热学习者，并且开始观察自己的想法，检验自己在金钱、人际关系、健康状况以及生活其他重要方面的信念。我惊奇地发现，尽管我自认为是个积极向上的人，可我仍然持有许多消极性的、局限性的想法。

我发现，正是我们的信念造就了我们的生活现实。通过运用这本书传授的技巧，我为自己树立起全新的生活信念。我的生活改变了，我发现自己身处的是个全新的世界，接触的是个全新的现实，而我就是创造这个世界、这个现实的原动力。

在接触这本书以前，我一直以为，自己家境贫寒，今生今世都不可能获得巨大的成功。我勉强读完了中学，上大学根本无能为力。我认为自己会像身边很多人一样，为了赚钱糊口而苦苦挣扎，因为我所处的现实就是如此。

在以前看来，我现在的生活似乎只能是一场梦。机缘巧合，我遇到了约翰·基欧并跟随他学习。在此过程中他成为我的导师，让我有机会听他传授“意念力”这门课。自此以后，我不再沉湎于过去。我有了一份感兴趣的工作，且收入可观，每个月我都要到世界各地，和成千上万人分享约翰·基欧传授的理念。我深信，在帮助别人改变人生的同时，我也在改变世界。

我们可以支配人类思想最不可思议的部分，那就是我们的大脑。然而，大多数人都不知道如何对它加以利用。这本书可以作为你的指导手册，引导你唤醒自己的个人力量。它会为你生活的方方面面打通新的道路，创造新的机会。这本书的文字充满了魔力。读读这本书吧，最重要的是，将书中的原理付诸实践，你会惊奇地发现，那么多机缘巧合将开始在你身上发生。

拿起这本书，对你来说很可能是一种新生活的开始。我最大的愿望就是，它能带你踏上认识自己、认识自身能量的旅程——正如我所亲身体会的那样。这段旅程令人兴奋，充满希望。毫不夸张地说，你就是强大的创造力，你真的可以改变一切。

罗宾·班克斯

第一章
换个角度看现实

天堂和人世有凡人梦想不到的东西。

——莎士比亚

要运用意念的力量，你无需理解物理学定律，也无需知道现实如何演变，就像你开车时无需理解气缸如何工作或电火花如何点燃一样。只有少数人掌握了自动机械学原理，但这并不妨碍大多数人学会开车。同样道理，意念力这门学问，任何人都可以迅速、成功地掌握其基本知识并有效地运用于日常生活的实践中。

首先我们来研究一下现实的本质，尤其要研究一下近几十年来那些令人叹为观止的科学发现，这会有助于我们更清楚地理解思想如何创造现实。这些发现会明明白白告诉你，为什么在我们的大脑中塑造自己的理想形象不仅不是荒诞的白日梦，而且是一个创造性的过程。这个过程帮助我们控制、引导那些使物质聚集在一起、使水形成蒸汽、使种子发芽和生长的能量。

理解这些能量的本质可以帮助我们认识大脑的本质。你会发现，灵感、祷告和直觉绝不是超自然现象，而是有规律可循的，而这种规律是我们可以随意发现并加以应用的。就像宇宙中已知的其他事物一样，意念的力量也由这些规律支配，而这些规律如果不用科技术语而是用通俗的语言表达出来，任何人都能理解。

就让我带你走进这些新发现，进行一次神奇之旅吧。

现代物理学将宇宙看做一张不可分割的巨大的网，由密布的、动态的星系，气体和暗物质构成，无边无际。宇宙不仅是有生命的，处于不断变化之中，而且所有组成部分之间都相互作用，相互影响。在初级阶段，宇宙是一个不可分割的整体，一个包罗万象的深不可测的能量海洋——它就是一个整体。简而言之，科学现在正在证实几千年来神秘主义者、幻想家及术士们宣扬的理论，即我们不是独立存在的，而是一个巨大整体的一部分。

> “当一叶绿草被剪掉时，整个宇宙都在颤抖。”
>
> ——摘自古《奥义书》

现代物理学改变了物质世界的概念。粒子不再被认为是基本的物质组分，而被视做能量束。它们可能突然转变，发生量子跃迁。它们有时作为物质的单位，而有时却作为纯粹的能量波。现实是流动的，任何东西都不是一成不变的，都是不断运动着的模式中的一部分。即便是一块岩石，也是能量狂舞的产物。宇宙是恒动的，是有生命的，我们身处宇宙并属于宇宙，因而我们自己也是恒动的、有生命的。

宇宙是一张全息图

全息技术是丹尼斯·伽伯博士在 1947 年发明的，他因此获得诺贝尔物理学奖。全息图的任何一个组成部分都包含整个全息图的信息。一只海星就可以体现一定的全息效果。如果切下海星的一只腕，它还能再长出新腕。不仅如此，这个被切下的腕将会长成一个完整的海星，因为海星身体的任何一个部位都含有其遗传密码。

几年前，在一次全息技术展上，我看到了一些全息照片。其中一张照片上是一位笔直站立的女子。从照片的右侧看，图像突然发生了变化，女子正在吸烟；从照片的左侧看，图像再次发生变化，女子以撩人的姿势翘起臀部。如果制成这张照片的材料掉在地上摔成碎片，其中的每块碎片并不像你想象的那样显示女子的鞋子、裙子或脸的一部分，而是女子的完整图像。如果从碎片的不同侧面去观察，你会再次发现，图像在不断发生变化：女子一会儿吸烟，一会儿翘臀——每一块碎片都含有整个图像。

现在可以得出结论，现实的本质也是一张全息图，大脑的工作也同样具有全息效果。我们的思维过程似乎和宇宙的初始状态有很多共同之处——由同样的“材料”组成。大脑是映射全息宇宙的一张全息图。

提出这一惊人学说的是世界上最杰出的两位思想家。一位是伦敦大学物理学家、爱因斯坦的门徒、世界量子物理学泰斗之一的大卫·博姆；另一位是斯坦福大学神经生理学家卡尔·普日布拉姆。巧合的是，他们是在完全不同的两个科学领域各自进行研究时得出这一结论的。

在得出宇宙的全息性论断之前，博姆曾花费几年时间尝试借助传统理论解释量子物理学的所有现象与全部过程，但均以失败告终。普日布拉姆在研究人类大脑的过程中，也确信他的很多猜想靠传统理论无法得以证实。对这两位学者来说，全息模式让他们豁然开朗，以前很多无法解决的问题也都迎刃而解。两人都在20世纪70年代初发表了各自的研究结果。他们的作品在科学界引起了巨大反响，但遗憾的是，在科学界以外却很少有人能够理解。尽管他们受到批评和质疑，但仍有许多杰出的物理学家和科学家成为他们的支持者。1973年诺贝尔物理学奖得主、剑桥大学的布雷恩·约瑟夫森将博姆和普日布拉姆的发现描述为“理解现实世界本质方面的一次革命性突破”。加拿大女王大学物理学家、《物质与心灵之桥》的作者大卫·皮特博士也赞同这种观点：“我们的思维过程与物质世界之间的关系比很多人想象的都要更加紧密。”

1979 年，普林斯顿大学工程与应用科学学院院长罗伯特·G. 贾恩设立了一个科研项目，研究“意识在发现物质现实中所起的作用”。经过几千次实验，贾恩及其同事发现并证实：意识能够影响，也的确一直在影响着物质现实。他们将这项研究成果公之于众。1994 年，世界各地的杰出科学家、教育家和物理学家齐聚普林斯顿大学，讨论如何发展这一惊人的理论并将其应用于具体的科学领域。

这些消息确实令人兴奋，然而如何将这门新知识加以应用，人们却束手无策。

意识与物质世界之间的相互作用在今天看来已经不再神秘：意识只是能量最精细、最动态的一种形式。这有助于我们理解为什么我们的臆断、想象、欲望、要求、恐惧能对现实事件产生影响，也有助于我们理解头脑中的影像为何能够变成现实以及如何变成现实。

有关现实本质的这些发现可以成为我们不断完善成长的主要动力。如果我们知道并理解这样的事实，即我们是一个开放的、动态的宇宙的一部分，并且我们的大脑在创造现实方面起决定性作用，那么我们就会更具创造力、活得更积极。我们再也不会只当局外人、旁观者，因为这些新的发现让我们明白，从来就没有“局外”，而且永远也不会有。事物间相互作用、相互影响。无论我们走到哪里，无论我们做什么，我们的思想都在创造现实。

爱因斯坦曾经说过，“一种新学说的创建犹如登山，让你见识更新，视野更广”。你在阅读本书时会有同样感受。用不了多久，当你将自己的真正潜能挖掘出来，你在思想之峰上的“攀登”带给你的风景将美不胜收。

第 二 章
意识创造现实

一定要这样思考，仿佛你的每一次思考都会被铭刻在天宇，好让万事万物都能看清，事实也确实如此。

——《密尔达特之书》

如果你认为意识是与我们所谓的“物质现实”并存的一种现实，那你离最终理解二者的关系就更近一步了。

我们同时生活在两个世界、两个现实中：我们的思想、情感和态度构成内部现实，我们接触的人、所处的地方、周围的物体、发生的事情构成外部现实。因为不能把内部和外部世界分割开来，我们就听任外部世界主宰我们的生活，而将内部世界仅仅当做一面“镜子”，把我们身上所发生的事反映出来。我们的内部世界无时无刻不在对现实作出反应。正因为我们把全部时间都花在反应上，我们才无法感受到自己的力量。具有讽刺意味的是，就在你不再对现实无休止地作出反应的那一天、那一小时、那一分钟起，你就开始改变现实了。

你的内在意识是一种强大的力量，你生活的方方面面都能受到它的影响。事实上，对于你成为什么样的人，它才是最重要的因素，是决定你成功还是失败的主要原因。

归根结底，一切事物都是能量。每当你思考的时候，你就通过思维这种快捷、轻便的方式利用无数的能量。思维总是想方设法要表现自己，一直在寻找施展本领的途径，总是在努力证明自己的存在，找到自己的现实等价物。普通的思考可以比做篝火里迸出的火花。尽管火花包含着火焰的精华和潜在的力量，可是通常很快就消散了。火花仅仅持续几秒的时间，然后飞到空中顷刻燃尽。

尽管一次思考没有太大的力量，然而反复思考可以集中力量、调动力量，其威力就会被放大数倍。零星的火花也就变成了火焰。重复的次数越多，思考产生的能量和威力就越大，也就更容易证明自己的存在。

如果思维微弱且分散，
其力量就微弱且分散。
如果思维强大且集中，
其威力就强大且集中。

下面就来证明这一点。设想有太阳光穿透一面放大镜。如果放大镜不断从一点移到另一点，太阳光的能量就被分散了，因而其能量的作用并不明显。然而，如果放大镜静止不动，在合适的高度形成合适的焦点，同样的光线就变得集中，先前散开的光线就突然变成一股强大的力量，足够点燃一把火。

我们的思维亦是如此。在你学习意念力的过程中，你会学到怎样开发和集中你的思维，使它们比以前强大得多。现阶段你要明确的是，思维本身具有强大的力量。你虔诚的信仰、你的恐惧、你的希望、你的担心、你的态度、你的愿望，以及你的每一缕思绪，都对你、对其他人、对你所处的环境产生影响。

大多数人平时很少注意思维的过程：思维如何运作，它恐惧的是什么，它关心的是什么，它对自己说了什么，它对什么置之不理。在我们吃饭、工作、与人谈话的时候，在我们担心的时候，在我们满怀希望、制订计划的时候，在我们做爱、购物和游戏玩耍的时候，都很少留意我们此时在思考什么。

如果我们意识到每一次思考决定我们是赚一美元还是损失一美元，那我们可能就非常乐意去学习怎样运用自己的大脑机能了。既然我们每天都要进行几千次的思考，那么这个提议还是非常有诱惑力的。想象一下，有一个统计系统能够识别我们的每一次思考并且能记录下哪些思考让我们赚钱了，哪些让我们赔钱了。那么，当我们能够控制并引导自己的思维时，我们会多么高兴啊！对于那些能让我们赚钱的思维，我们将会满腔热情地去开发！而对于那些让我们赔钱的思维，我们将极力回避！

其实，这样的事或多或少已经发生在你身上，尽管所涉及的是能量而不是美元。的确有一个巨大的统计系统在运行，它叫宇宙，在其中产生的思维无不受到它的影响。

我们生活的这个世界并不是一堆死气沉沉的砖头瓦块，而是一个活生生的、充满生机的能量体系。你所进行的每一次思考都会在这个体系里留下印象。它所产生的影响是毋庸置疑的。无论你喜欢与否，你永远都在通过自己的思考创造你的现实生活。

向成功的新生活迈出第一步原来这么容易，似乎有点不可思议。你只需留意大脑内部的思维流并相应地作出引导就可以了。

你的生活完全由你一手创造，那么就先来看看你现在的生活方式吧。你声称想要经济上富足，然而你却经常叹息手头缺钱、物价太高；你总是纠缠于你没有的东西和源源不断涌来的账单之间；你经常感到焦虑，不知道如何生活下去；或许你想得到经济上的富足，可是因为你的意识里想的都是缺钱并为此感到焦虑，那你永远体会不到富足是什么感觉。

或者你希望能找一份新的工作，一份能发挥你的创造力、既有趣又有挑战性而且报酬丰厚的工作。如果你不断地告诉自己，这样的工作是不可能找到的，那么，你就真的很可能永远不会找到这样的工作。

或许你希望自己有外向的性格，胆大而不做作，随时都充满自信。然而，如果你一直将注意力放在自己的自卑和不足上，提不起精神，一遍又一遍地提醒自己存在的问题，那你就不太可能变成你所希望的那种人。你或许想获得力量，可是如果你的意识软弱无力，你却认为自己会拥有强大的力量，那就是自欺欺人。

简而言之，迫切地想得到某个东西并不会促使其真正实现。对自己想得到的东西仅仅抱有希望是无济于事的。光靠拼命工作，哪怕是一天干 12 ~ 15 个小时也是不够的，你将一直停留在原地。除非——这个“除非”很关键——你改变自己的思维。

> “凡有的，还要加给他；没有的，连他所有的，也要夺过来。”
>
> ——《圣经·路加福音》19:26

我初读这句话时觉得这很不公平。那些“有的”人会得到更多，而那些“没有的”人会失去本来就不多的东西。这看起来的确不太合理。我那时认为，如果“没有的”人能够得到更多，就更公平了，可是《圣经》上不是这么说的。据《圣经》所言，这不是宇宙的运行方式。后来经过仔细考虑，我意识到其实这是真正的公平。每个人都可以自由选择自己的思维方式，并且使之创造自己的现实生活，还有比这更公平的事吗？每个人都有决定自己生活质量的自由，而这种自由体现出最大的公平。

想改变你的处境吗？那就开发一下必要的意识。成功的人拥有成功意识。有钱人开发的是兴隆意识，他的脑子里只有富足、成功和繁荣。这就是他的思维方式。

“对他来说当然容易。”你会说，“你成功的时候很容易就想到成功，你有钱的时候很容易就想到兴旺，可我的情况完全不同。我没有成功，我一穷二白。这样的条件和境遇怎能让我打得起精神?”

错！完全错！不是你的条件和境遇让你打不起精神。唯一让你提不起精神的是你的思维。通过学习和锻炼，你能学会怎样引导自己的思想并创造你所希望拥有的意识。只有在你开发出新的意识之后，你的生活现状才会改变。新的意识必须是第一位的。

你在生活中想要什么？你知道吗？更健康？那就开发一下健康意识。想要获得更多的权力？那就培养权力意识。想更富有？那就设法获得财富意识。希望更幸福？那就培养幸福意识。想精神上更充实？那就想办法培养让精神充实起来的意识。所有事物的存在都是一种可能性。你所需要做的就是填入必要的能量直至你的目标变成现实。

想想吧，不管你的过去或现状如何，不管你先前失败过多少次，如果你愿意定期给自己的意识灌输营养，那你的境遇就一定会改变。这种非凡的能力每个人都有，你可以利用，也可以忽视。它不耗费金钱，也无需特殊的才能。它需要的仅仅是你下定决心，花费一定的时间，付出必须的努力，对意识加以开发利用。这就够了！其他的一切将会自动各就各位。

你的大脑就像一个既可以栽培植物，也可以任其荒芜的花园，而你是掌控它的园丁。你可以在里面栽花种草，也可以无视它的存在而任其杂草丛生。但是，千万别犯错误：无论是劳作还是懈怠，无论是收获还是受罚，一切由你决定，后果也由你自己承担。

你的思维决定现实生活，
你可以选择接受与否。
你可以对此有清楚的意识，

并下定决心为此而努力。

你也可以视而不见任其发展，

直至最后阻止你前进甚至拉你后退。

可是，

你的思维将永远在创造你的现实生活。

第 三 章
想象自己成功的情景

我的大脑中没有停滞的思想，一切想法都迅速转化为能量，成为种种实现意图的方式和手段。

——拉尔夫·沃尔多·爱默生

一个人成功的因素是什么？成功人士身上有什么与众不同的特点呢？

“一切都取决于意志。”阿诺德·施瓦辛格如是说。他是个亿万富翁、成功的地产大亨、电影明星、健美明星，五次荣获国际健美联合会“宇宙先生”殊荣。阿诺德成功了，可是他并不是从一开始就一帆风顺。阿诺德还记得，当初他除了坚定的信念以外一无所有，但他坚信他的意志是打开理想大门的钥匙。

“很小的时候，我就在脑海里塑造了一个自己的理想形象，拥有想要的一切。对这一点我深信不疑。事实上，意志有着不可思议的力量。在获得第一个‘宇宙先生’称号前，我抱着已经拥有这个称号的心态到世界各地参加健美大赛。这个称号已经是我的了。我在想象中已经赢过那么多次，这次当然必胜无疑。之后我投身电影业，也采取了同样的做法。我在大脑中想象自己是个成功的演员并在赚大钱。我可以感受并品尝到成功的滋味。因为我知道，一切都会发生的。”

克莉丝·波林是德国著名的自由式滑雪运动员，在 1976 ~ 1982 年间曾六次获得欧洲杯冠军。

“我们训练的部分内容就是由一位心理学家为我们强化意念力。坡道上的训练结束后，我们要开始凝神思考。心理学家鼓励我们在脑海中重现那个坡道，并想象训练中的每一次常规的跳跃和滑行。我们这种想象中的训练和身体训练一样卖力。运动上的出色表现，也就是我的努力，主要取决于我脑子里是否有一张清晰的动作图。”

克莉丝对这一点深有体会。她不仅拥有六枚奖牌，现在自己还开办了顾问公司，为商人和运动团体提供服务，教他们如何也能从这一技巧中受益。

布赖恩·爱德华兹是个寿险销售员，充满幽默感，精力旺盛，富有感染力。在一次作讲座时，我与他相识并成为好友。他每天晚上上床睡觉之前，都会花十分钟把第二天与客户见面的情景在脑子里假想一遍。他想象自己在逐个给客户进行讲解。他看到客户们都能接受他的说法并和他一起作了寿险规划。他设想自己一天卖出很多份保险，收入颇丰。他临睡前想象十分钟，起床前再重复一遍，每天总共二十分钟。布赖恩·爱德华兹一周卖出的保险比大多数人六个月卖出的还要多，每年的业绩在行业里名列前茅。

上述完全不同的三个人在生活中有着截然不同的目标，而他们却运用了同一种技巧去创造和影响自己的现实生活——在大脑里作出想象。

在大脑里作出想象，就是运用你的想象力看到尚未发生的情形中的自己，勾勒出自己的形象，想象中你拥有理想中的事物，或者正在从事理想中的活动，也可能已经获得了自己想要的结果。

比如，假设你想变得更加自信。运用你的想象力，把自己刻画成很自信的样子。你看到自己做事、说话时都非常自信。你想象自己遇到了平时认为比较艰难的处境，而你看到自己从容、自信地去面对并处理得恰到好处。你还可以设想你的朋友、同事都来赞扬你，祝贺你找到了自信。而你作为一个充满自信的人，感到既骄傲又满足，并真心享受自信给你带来的一切。你想象一下所有将要或可能在你身上发生的事，然后在实际生活中去体验，好像这一切真的发生在你身上一样。

怎样成功地展开想象

1. 决定你想做什么：通过考试、得到提拔、结识新朋友、赚大钱、变得更自信，还是赢得棒球比赛。

2. 放松身心。用几分钟时间放松下来，让身体和大脑都感到舒适。

3. 花 5 ~ 10 分钟想象你想要实现的情景。

想你想做到的事情和你想拥有的东西，但不要将其看做是将来可能发生或可以得到的。你必须想象这种事情正在发生。在内心制作一些电影片断或者影像片断，在这样的片断里你能看见自己正在做想做的事。你知道这样的事还没有在你身上发生，还没有成为现实；这仅仅是一种想象，是一张大脑中的图画。可是，如果我们经常想起这些令人陶醉的画面，那这些画面就会成为我们规划的蓝图，成为一个我们不断将能量倾入其中的模子。这些画面才是真正能为我所用的力量。

在你的想象中勾画出你的理想世界吧。如果天赋、勇气、决心、毅力这些特质对你来说不可或缺，那就统统加上。有时你会看到清楚而明晰的形象，就像看到影片中的自己正在为实现目标打拼；有时你只是模糊地大概“想象”一下自己的目标，这也未尝不可。你完全可以在精确构思和随意想象之间转换，二者各花几分钟的时间，或者把注意力集中到你喜欢的一种方式上。

精确构思：在大脑中勾画出一幅你想要的精确画面，将此画面按照你的设想在脑海里播放若干遍。

随意想象：允许图像和想法自由出入你的大脑而不作直接的选择，前提是从这些图像和想法里可以看到你的目标带来的积极成果。

两种方法都要练习，而且切记，这里的关键是“练习”。大多数人发现想象练习的开始阶段很难，因为他们的大脑就是不肯合作，勾画不出想要的图像。如果发生这样的状况也不必焦虑，你构思的图画不一定非要完美无缺。如果你能坚持按照计划定期做想象练习，你会惊奇地发现，自己的大脑会逐步开始按照你的选择去思考并勾勒画面了。

在这里我要说明一点，偶尔进行一两次的想象练习是不会收到什么效果的。只有经过几周，甚至几个月，只有在经过无数次训练、等这些画面深深刻在脑海里的时候，你的目标才能够实现。在尝试了一两次后就要检验它的成效，其结果肯定令你失望。

如果产生怀疑或抵触情绪——这种情况偶尔会发生——不要理它。不要试图去打消疑虑或消除抵触情绪，就让它在你的意识里进进出出，不用理会。你只要重复你的想象，其他一切自然迎刃而解。

成功进行想象练习的两个条件

1. 想象自己的目标时，一定要将其当做正在发生的现实。将其活生生地、细致入微地在大脑里勾画出来。你一定要进入角色并成为大脑里那幅场景中的主角。

2. 目标想象练习要保持至少一天一次，天天坚持。重复练习，力量无穷。

任何输送到大脑的思想种子，如果定期得到浇灌，都会在你的生活里开花结果。

现在我们来分享一个由心理学家艾伦·理查德森主持的著名实验。几个练习篮球的学生被分成三个小组测试投篮能力，每个小组的成绩都被记录下来。之后，第一组每天被直接带到体育馆进行了一个月的投篮练习。第二小组没有进行任何练习。第三小组参加的是一种非常难的练习，他们并没有亲身去体育馆，而是呆在寝室里想象自己在做投篮练习。他们每天花半个小时的时间“看”自己投篮、得分，并“看到”自己取得长足的进步。他们坚持天天在大脑中进行“训练”，一个月后，三个小组再次进行测试。

测试的结果是，第一小组（每天练习投篮的那组）的得分提高了24%；第二小组（没有进行练习的那组）没有任何提高；而第三小组——记住，他们只是在大脑里进行了训练——成绩的提高幅度和实际经过训练的那组居然一模一样！

这种具有创造性的联想的确具有惊人的力量，但绝不是什么魔力。它只是利用了自然法则和能量，创造性地引导了你自身与生俱来的力量。

如果加以适当引导，想象力就是你所拥有的最具活力的官能之一。现在就开始使用这一技能吧。不必担心事情如何发展之类的细节。相信过程。有需求就有供给，在正确的时间你会被引导去做正确的事情。可以确信事情发展的方式方法会让你一目了然，因为大自然向来是有求必应。

我们常常不愿意去尝试就想找到答案，这是很正常的。我们都喜欢看到发生在我们身上的每一件事的所有细节，看到它一步步如何发展下去。可是在事情的开始阶段，你几乎看不到这些细节和步骤，并且事情的结果常常出人意料。

女演员卡罗尔·伯内特出生于洛杉矶，由祖母带大。她们靠福利金艰难过活，穷到祖母需要去公共卫生间捡手纸，当然也就没有钱送这个天赋极高的孩子去加州大学洛杉矶分校上学，而这正是卡罗尔的梦想。然而，她知道自己总有一天会上那所大学。“我从没想过我可能上不了。我会想象自己在这所学校的课堂上课，在校园漫步，学习我想学的所有知识……我每天都这么想象，即便看似我没有机会上大学，我还是知道机遇会来临的。”

那么，她怎么搞到学费呢？

“在高中最后一年的一天，我去自己的邮箱里查看邮件，一封信引起了我的注意。信封上有一张邮票，但是没盖邮戳。所以这封信不是通过邮局，而是有人亲自送来的。我打开信封，发现里面正好是我上大学第一年的学费。信封里没有信，也没有任何说明，只有钱。直到今天我也不知道送钱的是谁。”

当你敞开思想的时候，机会的大门就向你敞开

我并不是说只要你想象一下，就会有人给你送封信来，里面正好装着你所需要的钱，就像卡罗尔·伯内特所遇到的那样。但我可以向你保证，你所期望的情形和机遇会如期而至，并引导你去实现目标——你可以对此充满期待。你思想的力量远远超乎你的猜想，你在大脑里勾画出的任何形象都是一股终究会发生作用的力量。

拥有这种能力并不是未来科幻小说，它作为一个实用工具已经存在于我们的体内，并供我们随时选用。

第 四 章
播下情感的种子

当你脑海里有一个很清晰的目标时，切切实实亲眼目睹它的到来只是个时间问题。对目标的想象总是先于目标的实现。

——莉莲・怀廷

如果说想象是在大脑中创建场景和描绘画面，那么播种情感就是加上声道。只不过给那些场景和画面配音时，你使用的不是文字而是情感。例如，你要向公司作一次重要的展示，上司和老板都会出席。你如果做得好，就很有可能获得提拔。因而这次展示对于你的职业生涯非常重要。你决定运用播种情感的技巧，你要做的是花 5 ~ 10 分钟的时间给你的想法注入情感，想象你已经完成展示并获得很大成功，这时你正在感受成功的喜悦：你的陈述给大家留下了极佳的印象，对问题的回答也已结束，你成功了——你的表现令人刮目相看！

和想象练习不同，在进行播种情感训练时你要注意的是和想象场景相关的情感。在这里，你的想象力就要发挥作用了。

想象一下，如果你已经“完美”地做完陈述，你会作何反应？你可能会兴高采烈、喜上眉梢，也可能会如释重负、欣喜若狂，甚至可能手舞足蹈。无论你的反应如何，勇敢地去感受，并将这种感受注入你的身体。你要确信自己已经获得了想要的感觉，不要仅仅希望一切顺利，更不要怀疑或担心事情的结果。在心灵深处宣告，这已经是活生生的现实。用“事情已经顺利完成”来取代“事情将会进行得很顺利”。一切都结束了，你成功了，所以，享受成功带来的喜悦和成就感吧！享受马到成功的兴奋吧！祝贺自己吧！欢呼雀跃吧！如果你愿意，甚至可以跳跃蹦高。一遍又一遍地重温并加强这种实现目标后的感受。

重复一遍，在播种情感的过程中，你主要关心的不是在想象的场景里怎样实现目标，尽管这些图像会自然而然地出现在你的脑海里。你关心的是你所追求的生理上的成就感：由于兴奋而涨红的脸，由于激动而怦怦直跳的心和一个劲儿冒汗的双手。

在《圣经》里，门徒请耶稣教他们怎么祷告（不管你信不信《圣经》里的教义，它确实提到一些使用意念力的技巧）。耶稣回答说：“凡你们祷告祈求的，无论是什么，只要信得着，就必得着。”请注意他说的是你必须相信你已经得到——不是将会得到，而是你已经得到了——你将会得到。这不只是希望或期盼，而是在内心深处、在思维世界和创造性能量的世界里宣布，你已拥有自己想要的东西。正如所有擅长运用意念力的高手证实的那样，它的作用非常强大。

下面一起分享我的两个好友比尔·亨德森和珍妮特·亨德森的故事。亨德森夫妇从乡村移居到大城市，想买一所大房子，以便有足够的房间容纳不断增添的人口。当然，城市的房子要贵得多，而且他们需要的是一所大房子来容纳一大家子人。他们还有一些具体的需求，想要一个种满树的大院子，价格不能超过他们的预算。人们都说就凭他们出的那个价钱，永远也找不到符合他们要求的房子，可亨德森夫妇不信这一套。

比尔在工作和家庭关系方面练习过提高意念力的技巧，知道这个办法有效，因此他说服珍妮特和他配合，为了买到房子而做想象练习和情感培育练习。

两个月后，他们打电话请我去看他们的新家。我们一起在宽敞幽静的院子里散步，四周长满了绿树和花草，仿佛他们把乡村的一块土地搬到了城里。走进房子里面，他们带我好好参观了一番。房子很宽敞，孩子都有自己的房间，另外还有一个小隔间和一个娱乐室——全部费用恰好相当于他们的预算！

“太不可思议了！”我说，“能找到这样的房子，你们难道不觉得奇怪吗？”

比尔的回答恰好说明了他对意念力的深信不疑，让我永生难忘。“没有，”他说，“我们一点也不觉得奇怪。在我们心里，两个月以前我们就已经拥有这所房子了。”

他说这话时信心十足。毕竟他心灵深处确信已经拥有这所房子两个月了，它只不过是在现实中刚刚出现罢了。比尔和珍妮特在心里早已宣布他们获得了这所房子的所有权。这种宣言的力量强大无比。这是心灵的强烈震撼，这是信心的急剧增强。他们没有去希望或期盼，也没有迷茫得不知何时、何处能找到梦想的房子。他们只是定期进行情感培养，去体会“在心灵深处拥有那所大房子”的感觉。其实并不能说他们心里的房子就是他们所买的那幢，因为没有见到这所房子之前，他们根本不知道它的存在。可他们知道自己想要什么和需要什么，这就是他们每天在心里播下的种子，直至最终梦想成真。

现在，亨德森夫妇不仅自己在生活中使用播种情感及其他训练意念力的技能，他们还把这些方法教给自己的孩子，让他们也拥有富有而充实的生活。让孩子意识到自己与生俱来的能力，作为父母送给孩子的礼物，还有比这更珍贵的吗？

人人拥有这种力量。我们的思想创造我们的现实，一旦你产生要拥有某种东西的想法，就要让播种情感这种技巧发挥应有的作用。

要想让播种情感区别于无所事事的白日梦，关键是重复练习和持之以恒。在播种情感的过程中，我们并不是生活在幻想里。我们不能每天东游西荡，脑子一片空白，只是机械地相信自己拥有一些实际上没有的东西。播种情感是一种意念力的训练，每天花五分钟时间，你创造的能量会在这五分钟里迸发。这样的训练要天天做，一天都不能少。重复练习的重要性怎么强调都不为过，因为零零星星的练习几乎没有效果。一定为自己制订一个练习计划并严格执行。无论你想要什么，定时播撒情感的种子，体验自己已经拥有的感觉。它真的是你的！亲自去体会吧！因它而激动得浑身颤抖吧！为它骄傲和自豪吧！在内心世界彻底拥有它吧！

成功播撒情感种子的两个条件

1. 播撒情感种子的时候要始终怀着这样的感觉：我有想要的东西，我已经得到它了。

2. 一定要定期定时做练习，一天都不能少，一次至少五分钟。每天做五分钟的效果要比一周做一次、每次一个小时好得多。

第五章
事前作出积极断言

思维训练的可能性是无限的，其结果是永恒的。然而很少有人花工夫将思维引导到让自己受益的途径上来，相反，他们将其留给偶然。

——布莱斯·马登

据我所知，积极断言可能是影响并作用于潜意识的最容易、最简单的技巧。这种技巧以祷告、咒语等宗教或魔法形式在全世界使用了几百年。如今，它被运用于人们生活中的方方面面，比如经营生意、医治疾病、会见宾客、赢得比赛等等。

积极断言就是对自己默默地或者大声地重复简单的几句话，说什么都可以，只要在那一刻这几句话让你感觉舒服和实用即可。在任何地方都可以——开车的时候在车里，候诊的时候在候诊室里，或者睡觉以前躺在床上。你选择一句话，它最能表达你的想法，然后一遍又一遍地对自己重复这句话。

例如，你现在处于一种非常沮丧、非常紧张的状态，想让自己放松、平静下来，这时候积极断言就非常适用。默默地反复告诉自己："我感觉平静而放松。我感觉平静而放松。我感觉平静而放松……"不要尝试强迫自己"感受"到平静、放松，只是不断对自己重复这句话，坚持几分钟。同样，如果你有一个重要的会面，希望它顺利进行，事先你就可以反复向自己断言："这会是一次成功的会面。这会是一次成功的会面。这会是一次成功的会面……"

积极断言的实质是什么

作出积极断言就是要影响大脑中正在产生的思维。你的大脑一次只能想一件事，因此你所作出的断言是要让有利于实现目标的想法充满大脑。这句话暗示大脑，它应该这么想。如果你对自己肯定地说"这会是一次成功的会面"，你的大脑就很自然地开始思考与成功会面相关的事情。你的大脑不遗余力地搜集断言中蕴涵的暗示和信息。听起来很简单，可是这一技能在帮你获得理想效果方面能发挥奇效。

一定要经常对希望发生的事情作出断言。我认识的一个商人每天早晨工作之前都会对自己说"销量大，顾客多"，就这样一直重复几分钟，而且他在白天的工作中也会这么做几次。

积极断言的过程要切记：

1. 没有必要绝对相信你对自己说的话。事实上，无法成功使用这一技能的人可能就是一直强迫自己这么做的。实际上，这种错误做法可能会使断言失去效果。不要考虑自己相信不相信，只要一直重复就行。如果你真的相信自己的断言，那太好了！如果你不信，那也可以，这没什么大不了的。人的意识会自然而然地选择你在反复肯定的东西，因而正确的想法将会逐渐渗入意识当中，所以你不必强求。

2. 一定从积极方面作断言。你作出的断言一定是肯定句，而不是否定句。例如，你想进行一次成功的会面，你就不能说“我不会把这次见面搞砸了”。如果你想心态轻松平静，你就不要说“我不会紧张不安”。由于某种原因，大脑不会采集“不”这个信息，所以你会发现自己在盘算着“把见面搞砸”或者在盘算着让自己“紧张不安”。这样，大脑不是全神贯注于你想要的东西上，而是集中在这些“自毁”的想法上。

3. 断言尽量简短。一句断言应该就像一句谚语，简单上口，易于重复。我喜欢把自己的断言控制在10个字以内。有的时候两三个字就可以非常有效，比如“成功”，“创纪录”等等。

有人给我看他们长达半页的断言，可是你根本没有办法把那么长的一段话一遍遍重复。只有重复才能把你肯定的语言铭刻在意识里，所以越短越好。我强调：短一点，押韵一点，上口一点。

在选择你的用语时一定注意，不要还没达到目标就先否定自己。如：

“我永远也干不成。”

“我永远都不会干。”

“这不可能。”

“我会搞砸的。”

“我觉得自己的人际关系一团糟。”

“我知道自己会犯错。”

“我总是失败。”

这些断言你一再重复，自己甚至根本意识不到。所以一定要对这类语言保持警惕。

我们来分享一件最近发生在我身上的事。那是在一次巡回讲座期间，讲座进行了一半，我看了一眼下个月的日程表，结果不敢相信自己的眼睛。我需要从一个城市赶到另一个城市，中间没有片刻的休息，甚至被安排同一天去两个城市！我当时就想，未来的一个月我可能会生活在高压锅中，压力重重。实际上我就已经对自己说："我要进高压锅了。"两三天后，我发觉自己一想到下一段可怕的行程就会紧张不安，而且这种感觉越来越强烈，甚至开始咒骂，是谁给我安排了这么荒唐的行程！

随后我发现自己错了，不禁哑然失笑。我还在这里教人家提升意念力，自己却无意间掉进了亲手挖的陷阱。"我活在高压锅里！"这可真是个不错的断言啊！于是我为自己重新琢磨出一句断言，只有三个词：有序，放松，乐趣。我把这三个词对自己反复说了几分钟。第二天早晨也是以这句断言开始的，一想到自己繁忙的日程，我就把这句话反复说给自己听。几天以后，我就开始认为，只要自己头脑清晰且心态放松，这种马拉松式的日程安排或许还是一种乐趣呢！那我还有什么必要闷闷不乐呢？

最后，就是那三个词使事情的发展大为改观。日程安排没有变动，可是我对于这个日程的态度变了。我曾经看做"高压锅"的行程后来变成一段轻松之旅。所以一旦将自己对事物的断言由消极变为积极，我不但规划缜密，而且还有了放松的心态，觉得匆匆忙忙应对挑战的过程也不乏乐趣。

你也一样可以对事物作出积极断言，一整天都用它来帮你完成你想完成的工作。重复这个断言很容易做到，无论是在银行排队、在会客室等待，还是驾车时被堵在路上，在任何地方都可以。没必要相信你的断言，更没必要相信断言成真。你唯一要做的就是一遍又一遍地重复！我建议在早晨时开始这项练习，因为最关键的开始半小时会给一天的生活定下基调。仅仅一两分钟的练习就能很快产生显著的影响。

"每天在各个方面我都越来越好。"

艾弥耳·库耶这个名字现在可能已经鲜为人知了，可就在

20 世纪之交那些年，他作为断言技巧的先驱，曾在整个欧洲和北美行医并将临床上的发现融入教学。艾弥耳·库耶在他那个时代曾经轰动一时，在他去世几十年后，他的著作仍然为人所津津乐道。库耶发现，他的患者如果每天早晨起床后和晚上睡觉前能重复一句简单的积极断言，就会恢复得更好更快。他教他们的这句话就是："每天在各个方面我都越来越好。"早晚各练两分钟。仅此而已。这个练习的效果非常显著。他以自我暗示为主题写了几本书，向世界各地正处于复原期的患者传授意念能够治病的理念。库耶的这句断言将患者的意念力集中于"每天"、"在各个方面" 和 "越来越好"。库耶的方法治愈了成千上万的患者。

离我们更近一点的例子是作曲家兼歌手约翰·列侬，他的博爱和率真与他的音乐一样让世人永远铭记。他对思想的魔力怀有浓厚兴趣，对此他毫不避讳，而他的歌也表现出这种兴趣。听听他的一首《思想游戏》：

> 我们正在做思想的游戏……
> 创造未来，创造现在……

列侬知道并运用了场景想象和积极断言两种方法。他经常说："所有这一切之所以发生，就是源于我的思想。"在他写给儿子肖恩的歌曲《漂亮男孩》里，他唱道："在你睡觉以前默默为自己祈祷，每天在各个方面我都越来越好。"正如库耶以及他之前的许许多多杰出人物一样，约翰·列侬找到了实现这条永恒真理的方式。

约翰·列侬的歌曲召唤我们相信自己，相信自己的力量与能力。"你认为你是谁?" 他唱道，"你是超级明星吗? 没错，你就是!"

第 六 章
认可自己取得的成绩

成功的滋味妙不可言。

比起我们所取得的成绩，大多数人更愿意认可自己的缺点或失败。终于干完了一件大事后，接下来的几天或几周里，我们会感觉非常不错，但是，紧接着，又要奔向新的目标，去实现新的愿望。转瞬之间，我们将令人愉悦的成就感抛于脑后，甚至会忘记自己还曾取得过那样的成绩。我们的目光只追逐新的目标，却任由过去的成绩在心灵深处产生的喜悦不知不觉远去。殊不知，这恰恰有悖于追求成功的初衷。如果只着眼于未实现的目标，我们就会下意识地告诉自己，我们欠缺的东西很多。其实，过去的成功经历可以一次又一次地给我们提供未来成功的动力，遗憾的是，我们很少利用这一资源。

一天晚上我讲课结束后，一位女士走过来问我："约翰，你觉得我能实现自己的愿望吗？"我让她说来听听。她的第一个愿望是住上漂亮的房子；第二个愿望是飞回英格兰看看十四年未见的父母和亲人；第三个愿望是结识有缘之人，共创未来生活。她是个有三个孩子的单身母亲，收入微薄，当时看来，实现这些愿望几乎不可能。然而，她希望从我的课上获得新的动力，开创更美好的生活。

我当时肯定地告诉她，运用意念的力量，她绝对能实现自己的愿望。没想到，大约一年以后，我接到了她打来的电话。“约翰，”她兴奋异常，“你肯定想不到！我现在住上了漂亮房子，带泳池和小院，窗外的景色别提多美了！”我说我很为她高兴，谁知她还没说完呢。“还有，我去英格兰呆了三周时间，见到了家人。而且……”听得出来，最大的好消息还在后面，“我现在交了个令我倾心的男朋友，我恋爱了，真的，我们非常相爱！”

不用说，我很期望能再次见到她。几个月后，我们在机场偶遇。让我意外的是，她并不像我想象的那样喜气洋洋。相反，她神情沮丧地问我：“约翰，为什么意念的力量对我不起作用呢？”我只能不解地看着她。

“为什么意念的力量对我不起作用？”她又问我一遍。我真的不敢相信自己的耳朵，我问她：“听我说，我说错了你可以纠正，你还是一年前那个想住漂亮房子、想去英格兰旅行、想获得一段感情的女人吗？你还是那个你吗？”

她尴尬地看着我。“噢，”她说，“我忘了这码事儿了！”

居然忘记了！这怎么可能呢？也是，往往就是这样，我们得到了想要的东西就很快忘记。她已经实现了先前的愿望，现在又在朝着另一个新的目标努力呢。正因为她还没有实现新的目标，才一个劲儿地琢磨，意念的力量在自己身上怎么不起作用。她已经彻底忘记了刚刚收获的丰硕成果，视其为理所当然。她的心思已经转移到新的目标上去了。

我们总是着眼于实现新的愿望，却把已经实现的愿望忘得干干净净。为什么总为没有获得的东西费神呢？谁都有做不成的事情，也有力所不及的事情。要学会用现在的或以往的成功鼓励自己，不管这些成功是多么的微不足道。努力找一找，看看有什么事情能让你感觉良好，精神焕发，浑身是劲儿，充满必胜的信心。认可过去取得过的任何成绩，无论大小，让自己在当下重温一下成功的喜悦，为将来获得成功加油助威。

在实现新目标的过程中，对过去成绩的认可尤为重要。举个例子，假如你是个年轻的制片人，想获得一个大制片公司的支持，从而在业界扬名。这时，你就需要对过去的成绩作出肯定。要找到作为电影制片人的自信，或许你可以想想过去做过并让你颇为得意的短片。你还可以回想一下，自己曾经得到过的评论界人士的夸赞或自己所表现出的做制片人的那几分天分。始终想着这类场景，并提示自己，你明察秋毫，你也曾投入大量的精力学习专业技能。重温一下人们对你工作的赞扬和褒奖，对你过去若干年里专业技能的提高和所取得的进步加以肯定。

去“寻找”值得自己肯定的成绩，我再次强调，要去“寻找”。不要只看那些显而易见的成绩，要肯定自己所做出的一切。千万不要认为这么做很傻，或者觉得那些事情不值一提。

你的气质有消极的一面，也有积极的一面。骄傲地挺起胸膛，昂首前进！感觉美妙无比，相信胜券在握。让你的心在已有的成功上停留几分钟吧！

这个办法不仅适用于达到专业领域的目标，也适用于生活的方方面面。现在就花十分钟的时间，写下你能想到的自己所有的优点和长处，过去的或现在的都可以。例如：

我穿着得体。

我对自己的工作很在行。

我富于创造力。

我对……很了解。

我善于和人交谈。

我慷慨大方。

我擅长画画。

我生活态度积极。

我开车很小心。

朋友和我在一起不乏乐趣。

这还不是全部，因为你的优点不止这些！

大家都很喜欢我。
我工作很努力。
我热爱生活。
我充满爱心。
我是个尽心尽责的父亲/母亲。
我支持家人和朋友。
我刚列出了自己认可的优点。

把你的优点列出来，并且越多越好，至少列出20项。不要不好意思，也不要有所保留，白纸黑字写下来，好让自己清清楚楚地看到，你真的有那么多自我感觉良好的理由。这种练习的目的就是让你意识到，你有很多理由为自己感到骄傲自豪。这种自豪感会为你将来的成功打下心理基础。

任何时候，只要你想实现一个目标，你都可以用这个办法。把你认为有益于实现目标的10条理由写下来。比如，你在争取一个销售经理的职位，那你不妨把自己胜任这个职位的条件写下来，从而证明自己是这个职位最理想的人选。

你也许会列出以下优点：

我擅长和人打交道。
我能和别人做有效的沟通。
我是个人见人爱的人。
我有作销售的天分。
以前的工作我都做得很好。
我擅长鼓励别人。
我天资聪颖。
我外表帅气，衣着得体。
我办事井井有条。

我工作努力。

我的目标总能实现。

如果你没列这个单子就去面试，你只能是暗地里“希望”自己能得到这份工作；而写下自己的这些优点后，你已经很自信能胜任这个职位了。

成功的滋味妙不可言，越善于体会成功的喜悦，你就越能取得更多的成功。那么，列出你的优点，充实你的心灵，干劲十足地去工作吧！不要坐等成功的到来，要积极创造成功的机会，正如约翰·列侬所说：“未来始于现在。”

认可自己，认可自己，还要认可自己。

意识创造现实，而你创造意识。

第七章
潜意识无所不能

感动世界的力量存在于你的潜意识中。

——威廉·詹姆斯

我们的意识有两个层面：以上谈到的只涉及意识的第一个层面；现在就来谈谈第二个层面，这就是隐蔽的、神秘莫测的潜意识。潜意识的复杂性及其惊人的力量都远远超乎我们的想象。潜意识在支配调节我们的身体功能，从血液循环到呼吸、消化系统的调节，都离不开潜意识的指挥安排。我们知道，生活中经历的一切，都在潜意识里留下了记录。个人生活中的小插曲也好，某件事在我们心里引发的思绪或情感也罢，莫不如此。

正是从意识的第二层面，我们可以获得引导我们行为的宝贵指南。我们的潜意识通过直觉、梦境、感觉、预感等形式，给我们提供想法、洞察力和解决方法，以满足我们的需要，实现我们的愿望。只要唤醒这一官能，我们就永远不会感到无助和迷茫。

总而言之，思维经过潜意识的不断重复，就会变得更强、更加活跃，最终转变成物质结果，也就是物化。把你想要变成物质结果的计划、想法或者目的自觉植入潜意识中，结果就会呈现在你眼前。潜意识最具创造力，能让你获益无穷，并随时供你调用。然而，没几个人真正懂得如何发挥它的魔力。

下面我再作一个类比，以便让大家更好地理解。意识和潜意识可以相互配合，帮你实现梦想。你的潜意识就像一片肥沃的土壤，你播撒在上面的任何种子都可以生根发芽。你惯常的想法和信念就是你不断在其上播撒的种子，毫无疑问，它们会在你的生活中开花结果，和玉米粒会长出玉米是一个道理。你耕耘了，就会有收获。这是普遍规律。

切记，对于潜意识来说，我们就是园丁。我们有责任弄清楚并明智地选择在潜意识这片花园里种下什么种子。然而遗憾的是，大多数人一直没有意识到自己的园丁角色。正因为如此，各种各样的种子，无论优劣，都种入了我们的潜意识花园，并由此引发了生活中这样那样的事情。如果你想弄清楚生活中发生的一切幸与不幸的缘由，那就需要去好好审视自己的内心世界。

潜意识的特点是没有偏见，一视同仁。它反映你的成功和富足，同时也不避讳失败、疾病或者不幸。它恰似一颗在内心播下的种子，可以在我们的生活中成长繁殖。无论你的感觉和情感是积极的还是消极的，只要在潜意识中留下印象，它都会无条件接受。它不会像意识那样去权衡考量，分辨喜恶；也不会因有分歧而和你据理力争。

如果想让生活发生改变，你势必要考察事情的起因。而追究起因的过程就是用大脑进行思考和想象的过程，也就是你运用潜意识的过程。你不可能同时从正反两面均衡地考虑问题，因为肯定有一面要占据上风。思维是习惯的产物，因而你必须要确认自己的情绪和想法是积极的，是主导你思维的力量。

要想改变外部条件，就得先从内部做起。大多数人的方法是直接向这些外部条件下手，而这么做总是徒劳无益。即便有效也是暂时的，除非与外部条件一起改变的还有人的思想和信念。

有了这样一个清醒的认识，通向幸福与成功之路就清晰可辨了。有意识地锻炼自己，多播撒成功、幸福和健康的种子，把恐惧和忧愁的野草及时除去。让你的思绪时刻被积极因素所占据，确保自己习惯的思维方式刚好符合对未来生活的期望。

这里，“习惯定律”可以帮得上忙。本书介绍了与这一定律相关的所有原理和技巧。不要只停留在文字上，要把这些原理和技巧灵活地运用到生活中。

水无论放在什么形状的容器中，小到水杯茶碗，大到江河湖海，都会变成容器的形状。潜意识也是如此，你的日常思维不断在其上面投射影像，潜意识会随着这些影像的变化而变化。你的命运就是由此决定的。所以，生活掌握在自己手中，生活究竟会是什么样，完全在于你的选择。

成功伴随积极的潜意识降临

潜意识能为你服务，为你带来你想要的东西。一旦你明白了这个道理并在日常生活中将积极的想法和影像投射到潜意识，你会发现，好运气似乎开始从天而降。潜意识这个强大的内部同盟，会根据你的指令和你通力合作，协助你，为你创造所需的条件，从而助你实现目标。正如约瑟夫·坎贝尔所说，一千只无形的手会来助你一臂之力。好运纷至沓来，看似巧合或幸运，但事实绝非如此。这不过是你按照自然规律让自己的思想发生作用而已。

我来解释一下这一切是怎么发生的。前面我曾提到，现实世界由能量粒子构成。我们生活在一张巨大的能量之网中。举个例子，当你开始将成功的影像深深刻在潜意识里时，潜意识会产生一股持续的能量流，而这种能量会在整个潜意识里引起振荡。成功的振荡波无时无刻不在你的潜意识里传输，把你成功所需的人力、物力吸引到你身边；如果你总是想着失败，这种失败的振荡波也会同样卖力地传送，把导致你失败的人和事吸引到你身边。对于你在潜意识里留下的想法、愿望、希冀、恐惧，它不会权衡审视，都将一视同仁。

幸运的是，思想意识的作用规律同客观世界的作用规律一样，开始被人们所理解。要是过去，通过这种方法去创造现实简直难以想象；而现在有了这种新的认识，我们就很清楚这种方法是可行的。我们的思维也是能量，我们不断重复的形象、断言、情景、信仰、恐惧、愿望在现实世界这个更大的网络中发生作用的时候，这种能量才有意义，也才能创造现实。实际上，你仔细琢磨一下，万事万物都是互相联系的，潜意识和客观现实又何尝不是如此？

因为确实重要，我就把这一点重复一遍。当你把思想和情感中的积极因素调动起来的时候，你潜意识的创造力会相应作出反应。你的习惯性思维和想象会创造现实，从而最终决定你的命运。

宇宙对我们的帮助是慷慨无私的，但不幸的是，我们接受帮助的时候却无比吝啬。然而这一点是可以改变的。一旦了解了生命的规律，并开始尝试让这种规律为自己服务，你就会迫不及待地去拥抱它们了。就从今天做起吧！在潜意识里刻下自己的愿望，一往无前，你会欣喜地看到，潜意识为你打开了成功的大门。用喜马拉雅山探险家 W. H. 莫里的话说：“一个人全力以赴对待一件事的时候，上帝也会被感动。于是，各种不可能发生的事情接二连三地发生了。令人难以置信的天赐良机和意外之财接踵而至，似乎都来助你成功。”

明白了这个道理，你就拥有了通向宇宙宝库的钥匙。你那无所不能的潜意识正等着你发号施令呢！

第八章
向直觉敞开大门

我为什么总是在沐浴时想出最好的办法?

——阿尔伯特·爱因斯坦

设想一下，如果你能和一个可以为你提供生活所需一切的人搭档，你会多么自信、热情、有安全感。这个搭档可以为你排忧解难，教你及时抓住机遇，还可以随时随地向你提供明智而可靠的建议。事实上，你真的拥有这样一个搭档，那就是你的直觉。

所有伟大的成功者，无论是商人、运动员、艺术家还是政治家，都相信并充分利用自己的直觉。跟着感觉走，及时做出正确决定，这种能力是成功的主要秘诀，也是一个人内涵丰富的标志。

有一次，我有幸见到一位澳大利亚最富有、最具冒险精神的企业家。那晚我在酒店大堂里见到了他，当时距离我的演讲还有一小时的时间。我在许多报纸和杂志上看过他的照片，所以就径直走到他面前作自我介绍。我曾经在一篇文章中了解到，他非常相信自己的直觉，于是就向他求证。他证实说:

“我在做事的过程中，直觉起到很重要的作用。没有哪一次我经手的商业活动违背我的直觉。”

不只他一人如此。莫扎特曾经表示，他得到了来自内心的灵感。苏格拉底说过，他一直都被自己内心的声音所引导。爱因斯坦、爱迪生、马可尼、亨利·福特、路德·伯班克、居里夫人以及很多诺贝尔奖获得者和杰出人物都将自己的成功直接归功于他们的直觉。

亨利·明茨伯格在《哈佛商务回顾》中介绍了他对公司高级管理人员进行的一项研究。该研究发现，这些管理者通常都会依靠直觉来应对那些用理性思维无法解决的复杂问题。他总结说：“成功不在于被称作理性的狭义概念，而在于清晰的逻辑思维和强大的直觉。”美国有线新闻网的创始者、时下最富有的亿万富翁之一泰德·特纳也有相同的看法：“想象力和直觉携手并进且互相配合。”

康拉德·希尔顿向我们讲述了自己的经历，告诉我们他是如何将16.5万美元改为18万美元来竞标一个酒店的。那天早上醒来时，18万美元这个数字就一直在他的脑海中盘旋。希尔顿非常相信自己的直觉，因此他把自己的标价改为18万美元。结果，他如愿得到了这家酒店，后来的卖价超过200万，而当时第二高的标价是17.9万美元。

雷·克罗克不顾律师和会计师的反对买下了麦当劳，他的解释是，不知为何脑子里认定就必须这么做。现在麦当劳毫无疑问是世界上最成功的特许运营商，而雷·克罗克当初买下“几个汉堡摊儿”的决定使他后来成为一位亿万富翁。

关注自己的直觉可以使一个人做出更明智的决定，提出更具创造性的想法，拥有更深远的洞察力，并能找到从理想通往成功的捷径。那些看上去生逢其时的人，那些经常被幸运女神眷顾的人，其实不仅是运气好，他们的直觉都已经得到优化，知道自己要做什么，何时做。直觉使他们更容易打破常规，更具创造力。直觉向他们提供需要知道的一切，并就何时运用、如何运用这些知识给予指导。

研究信息如何在人脑中运转的认知科学家告诉我们，大脑接收的信息中只有不到百分之一的一小部分到达了意识。一想到错失了那么多信息，我们在震惊的同时可能会感到惋惜。不过别担心，这些信息你还是可以得到的。我前面提过，我们的思维有点像一张全息图，从它的每一个部分都可以窥见整体。你的常规意识可能只知道并理解你的亲身体验和知识，而你的潜意识则联系着整个系统，也就可以得到整个体系中包含的所有信息。直觉就是要教我们如何获得这些信息。

怎样获得直觉

准备阶段

让自己沉浸在所有可利用的事实与信息中，给潜意识提供尽可能多的材料。然后找出所有相关信息，只要与你目前所从事的工作有一点关系的事情就都不要放过。这么做的目的是要搜集更多、更广泛的数据，以便其中一些非同寻常的、不大真实的要素自行拼合在一起。让你的想象力自由翱翔，使自己沉浸在这些信息中，而不必费尽心思去弄明白它们的含义，这就是潜意识的主要任务。

酝酿阶段

一旦你已经对所有的相关信息进行了反复思考，就可以等待其渐渐成熟。虽然准备过程是积极主动的，但是酝酿阶段却是被动的。让自己的潜意识去接管那些信息就好。你的潜意识是夜以继日地工作的，总是在不停地搜索解决问题的办法，不管你是否在有意思考。事实上，实践证明，潜意识单独工作的时候效率更高。当我们并没有特意去思考某事的时候却往往会

“灵光一闪”。

在进行创造活动时，做白日梦或者放松都是有益无害的，比如沐浴、长途驾车、安静地漫步或者在森林中远足。例如，雅达利公司的创始人兰·布什内尔就是清晨独自在沙滩漫步的时候构思出他的一款电子游戏的，后来这款游戏登上畅销榜榜首。史蒂芬·斯皮尔伯格说过，他大部分的灵感都是在高速公路上开车时产生的。而爱因斯坦则对他的一个同事说过：“我为什么总在淋浴时想出最好的办法?”

事实上，过度在意是否能够得到正确答案反而会阻碍这个进程，如同一位专业运动员过分担心能否赢得冠军一样。运动员都知道，要想发挥出最好的状态，就必须专注而放松。一旦给自己太大的压力，他们就会发挥失常。为了使自己的潜意识正常工作，我们必须要放松自己，让它自由工作。

如何唤醒直觉

下面的三个步骤可以使你自然而然地毫不费力地唤醒自己的直觉，让它就你的问题给出回答。

第一步

用几分钟的时间思考以下几个事实：首先，你的确拥有强有力的潜意识；其次，完美的答案与解决方法的确存在；第三，你的潜意识有能力并且即将把这些信息带给你。不要光从字面上理解这段话，而是要上升到一种信念。这一切果真发生的时候，你将会感到精力充沛且兴奋异常。一定要有意地不断提醒自己的意识，这个隐身搭档的确存在并具有无限潜力，你希望并有信心能够明确地感受到它。让你的大脑好好思考一下你内心拥有的这股强大力量吧！

第二步

一定要搞清楚你希望潜意识为你带来什么——什么样的答案，什么样的解决方案，什么样的洞察力。不断地告诉自己：你的潜意识此刻正在为你工作。不要有压力，也不要迷惑，更不要试图想出答案。充满自信地与自己的潜意识对话，不断地告诉它你希望它做什么，但你的措辞听起来一定是“潜意识已经在这样工作了”，“我的潜意识正带给我……”这样对自己重复至少十次，让自己感觉这个过程正在进行。

第三步

让自己放松，满怀期待与信念——正确的答案即将出现在你面前。切记，信念与自信不仅仅是态度，更是力量的蓄积。这些跃跃欲试的力量将会吸引正确答案的到来，正如磁铁可以吸引铁屑一样。头脑中充满正确答案即将到来的信念，自然而然就会得到你想要的答案。如果你拥有了正确而完美的解决方案，设想一下，你会有什么样的感觉呢？激动？兴奋？如释重负？那现在就试着去感受一下，彻底放松，让你的心灵尽情体会这样的感觉。带着即将得到答案的信心好好睡一觉。

这三个步骤要用 5～10 分钟，最好在每晚临睡前做。半睡半醒的朦胧状态是到达潜意识的最佳时机。

如何接受信息

答案有时候会像直觉或顿悟一样在你毫无准备的情况下出现，就像史蒂芬・斯皮尔伯格一样在开车或吃早餐的时候，答案从天而降。还有的时候，答案就如同从心底传来的一个细小微弱声音，这个声音或感觉在说："来吧，试试这个，打这个电话。"

学会关注这些感觉和直觉，识别心底的声音，这都需要练习。随着时间的推移，你的能力将会不断得到提高。如果开始阶段你无法分辨出哪些是直觉，那也不要沮丧，因为大多数人都没有学过如何辨别和使用我们的直觉，开始时会有一点生疏，这是很自然的。这种能力就像我们的肌肉一样，用得越多就越明显、越强大。强化直觉的方法就是关注它，寻找它，相信它，并在你感受到它的时候按照直觉采取行动。当然最重要的还是要意识到它的存在，并且开始倾听它从心底发出的声音。

你有没有过和一个经验丰富的捕鸟者一起在森林漫步的经历？当你看到一只鸟的时候，他能看到十只鸟。他们的眼睛适应能力很强，知道自己在找什么。他们的感觉由于常年的练习变得十分敏锐。事实上，你发展直觉的过程也是如此，一定对在你内心发生的变化保持警觉和敏感。开始阶段大多数情况你会错过，但很快就能听到直觉发出的声音，感觉到它的存在。直觉离你比你想象的更近，需要的不过是一点点的信任与练习而已。

直观想法经常在我们的梦中出现。加拿大杰出的内科医生弗雷德里克·班廷教授就是在梦中受到启发，找到了胰岛素的精确分子式，从而发现了胰岛素的基本成分。缝纫机的发明者埃利亚斯·豪为了设计缝纫机苦心研究多年，然而仍有一个小小的难题无法解决。一天晚上，他梦到被一群野人抓住了，野人用奇怪的长矛恐吓他，他注意到长矛的尖头上开着孔。他从梦中醒来就找到了解决方法：在每根针的针尖上都穿一个小洞。而这个简单的改变就成为发明缝纫机的关键。

潜意识为你带来信息的方法随着时代的发展在不断变化，但是从信息的质量以及你内心对这些信息的感受上判断，你就会知道自己正在接收直觉传来的信息。欣喜若狂、确信无疑以及那无法抑制的"就是它"，正是区分直观想法与其他想法的几个标志。

为直觉敞开大门

某些态度或者行为能直接刺激直觉的产生，因而这些态度和行为值得培养。我们用多种方式告诉自己的潜意识，我们希望从它那里得到什么，然后我们就真的得到我们想要的。如果你乐于接受，如果你充满自信，你就可以更强烈地感受到直觉。如果你把自己的潜意识当做日常生活中不可或缺的一分子，并衷心地欢迎它随时到来，它就会带着礼物出现。但是假如你抱着“我解决不了这个问题”或是“我永远找不到答案”之类的想法，就等于告诉潜意识“不用费心了”。如果你能确信自己想要的不仅是一个答案，而是一个最好的答案，就会刺激直觉去积极行动起来。

不要害怕，大胆地告诉你的潜意识，它的睿智，它的学识，它的力量正在指引你前进。每天晚上，我会像与一位朋友交谈一样与我的潜意识进行交流。我告诉它（同时也在提醒自己），它是全能的，它拥有无穷的智慧。我十分自信地按照我所想要的方式引导它，然后我就会平静地等待，坚信它会带来我想要的东西。这个方法屡试不爽。

也许你可以试试下面这个断言：

“潜意识是我成功路上的搭档。”

如果把这句话分解开来，就会发现它包含三个主要因素：

1. “潜意识”。对于这一点的肯定，等于确认你拥有潜意识，你正在逐步认识、接受你那看不见的搭档，你又一次在提醒自己，它的确存在。你想将这个真理永远牢记在心。

2. “是我的搭档”。搭档是与你并肩作战以实现共同目标的人，是可以与你分担工作压力的人，你们各自处理不同的难题。为什么不让你的潜意识专攻这项它最适合的任务呢？即：为你提供准确的信息、想法和答案。你从来都不是孤军奋战，也从来不缺少引路人，因为你可以依靠你的潜意识。它提供灵感，而你则付诸行动。

3. “在成功的道路上”。“成功”这个词很有分量，代表你想要在商务活动中、在人际关系上以及在生活中看到“成功”随时伴随左右。重复这句断言，就可以激活你的能量，在实现目标的过程中为你提供很大的帮助。

需要马上作决定时怎么办

有时候我们需要迅速作出决定，不能等几个星期，今天下午就要得出答案。如果你需要马上作出决定，可以试试下面的方法：

做深呼吸使全身放松，或者耸耸肩放松一下肩膀。让心情平静并且放松下来。让自己的头脑清净一下，然后充满自信地向自己肯定地说10～20次：“我总能作出正确的决定。”感受一下这句话的力量，肯定地说出来，并且在说完最后一遍的时候马上作出决定。这样你就可以绕过逻辑思维，让直觉为你提供答案。脑子里最先出现的办法就是你的答案。

有时候绕过逻辑思维非常重要。如果过于遵从逻辑，我们就与生活不再同步了。生活有时无逻辑性可言，生活复杂而神秘，这也是我们应该相信直觉、感觉的原因。较之禁锢于狭义的理性思维定式，相信直觉会使我们更接近真理。

不幸的是，学校并不教我们相信直觉。相反，学校教我们如何将复杂的知识加以分类和破解。但在现实生活中，你会发现，即便你将所有相关信息都集中起来，有些东西你仍无法算计得明明白白。这时你就可以把直觉加进来作最后决定，然后付诸实施。

生活的质量取决于思维的质量。曾经有多少次，你在脑子里一遍遍地寻找答案无果，将同样的信息反反复复地审视，希望发现自己遗漏了什么。你不可能找到答案，因为只是一味审视自己的显意识，就在很大程度上限制了解决问题的可能性。如果沿用多少年来一直反复使用、毫无新意的思路，你会蒙蔽自己，束缚自己的手脚，所以没有取得想象中的成功也不足为奇。而潜意识包含大量的新思路、新方法，不要继续限制自己了，走向内心的宝库吧！从那里带回充满活力和创意的新想法。这些想法此刻就在你的内心深处。

一旦你意识到潜意识中那股无所不能的力量，就永远不缺少解决问题的答案了。你要做的仅仅是调整自己的意识，并引导直觉给你带来所需要的信息。正如《奥义书》中所说的："一切皆存在于你的内心。"

第九章
有准备地做梦

梦会指明你的现在和未来。梦可以揭示命运。

——卡尔·荣格

人类从诞生伊始，就对梦一直怀有浓厚的兴趣，甚至达到痴迷的程度。人类有关解梦的文字记载最早出现于公元前3000年古巴比伦瓦片上记录的《吉尔伽美什史诗》里。我们知道古希腊人和古埃及人会“孵梦”，由寺院或神殿从事医疗服务的人员提出建议，人工刺激梦的产生。《圣经》里多处提到人受到了梦的引导。通过正确解梦，约瑟对法老预言，七年灾荒之后会有七年的大丰收。在阿兹特克人的神灵等级中，地位最高、最受尊重的就是给人带来梦的神灵。北美印第安人设有解梦所，部落长者在这里解释睡眠过程或宗教仪式过程中所做的梦，并根据对梦的解释作出重大决定。

大多数现代人仍然把梦不当回事，认为精神方面不足挂齿，因而失去了引导和联系内在自我的一个重要介质。所幸的是，现在越来越多的人在改变对梦的态度，意识到梦是人们探求生活意义、理解生活意义的丰富源泉。梦之所以这么有趣，是因为它是意识和潜意识的交汇之处。在梦里，日常生活的影像和潜意识的隐藏智慧相遇了。

许多科学家先是在梦里梦见了难题的解决方案，然后通过有意识的努力使难题得以解决。在提出相对论之前，爱因斯坦就梦到自己骑着一束光穿行。无数的艺术家、商人、研究人员以及各行各业的男男女女都是受到梦的启发，找到了解决问题的创造性方法。即便是对怀疑论者，现在也有足够的证据表明，梦不只是毫无意义的影像的随意组合。

上一章我提到在梦的帮助下，班廷博士和埃利亚斯·豪的研究取得了突破性进展。下面我再举一个类似的例子。

诺贝尔奖得主詹姆斯·沃森博士正是在一个梦的引导下揭开了DNA分子之谜。有一天他在梦中看见两条互相缠绕着的蛇，他立刻从梦中惊醒："难道真的是这样吗？难道DNA是一模一样的一对儿，并作螺旋状互相缠绕吗？"这种形式在自然界中是不存在的。他沿着这一思路继续深入研究，终于解开了基因密码之谜，并因此获得诺贝尔奖。

梦是被人类遗忘的语言，其中奇怪的象征和寓意隐藏着深刻的含义和大量的信息。如果我们能学会解释这些含义和信息，梦毫无疑问会起到引导我们的作用。许多年来我一直在研究、分析我的梦，对这些年所做的梦进行观察并尝试做出解释。我可以肯定地说，梦反映的是一种高级智慧，是一种跟我们对话的智慧。梦会告诉我们哪儿错了，哪儿不合适，让我们注意到内心不和谐或痛苦的根源。梦揭示的是生活中的深层意义，并不断地、定时地向我们传达启发性信息。梦告诉我们怎样发挥内心更大的潜力，改变自己的命运，使其向好的方向发展。

我们平均每晚做5～7个梦，你可能觉得意外，因为你很少感觉到自己做梦，可事实上人人都在做梦，每晚都做。我们之所以知道做梦这个事实，是因为做梦的时候会出现"快速眼动"，心理学家和科学家可以检测到这种现象，并依此判断我们做梦的频率。

婴儿 50% 的睡眠时间都在做梦；而胎儿的做梦时间占睡眠的 70% 。如果白天的生活充满焦虑和压力，晚上做梦就更加频繁。白天学习异常紧张，受外伤或者受到强烈的刺激，晚上也会更加频繁地做梦。这或许可以说明，梦是在帮助我们应对生活中的变化。

让大脑为梦做好准备

1. 睡觉之前默念："今晚我会做梦，并且会记住我做的梦。"把这句话重复约 20 遍。你甚至可以暗示一下想做什么梦，你想探索哪一领域。可是你要知道，梦通常有自己的应办事项，它比我们更清楚我们究竟要把什么东西弄明白。

2. 在床头放几张纸和一支笔，可以用来记些什么，同时也有暗示的作用。纸和笔表明你愿意探索你所做的梦。你对梦的态度决定着它对你的态度。为梦做准备的时候要尊重并认可它。这么做可以使梦更快地到来。

3. 从睡眠中醒来时不要立刻跳下床，静静地等待意识的复原。这段意识复原的时间弥足珍贵，它是现实和梦境两个世界之间的一段缝隙。是不是在什么地方隐约存在梦的碎片呢？如果存在，仔细观察这块碎片，就像猎狗观察猎物那样。然后一点点尽可能多地把梦捡回来。在脑子里把梦回想几次，每次都增加一些细节，直到尽可能组织成一个有足够多细节的故事。现在起身记下你的梦，加上随时想起的细节。一旦梦被记录下来，你可以立刻开始解梦，也可以放在那儿以后再说。

梦的解释

解梦的时候，态度很重要，浓厚的兴趣肯定比无聊的好奇心对你帮助更大。把自己想象成一片处女地的开垦者，或者挖掘古迹的考古学家。解梦在很多方面就像考古学家的工作，你不但要找到遗迹，还要解释这些遗迹是什么，意味着什么。

本章前面的部分以及潜意识一章提到的梦都相当容易理解，我之所以引用这些例子就是要清楚地说明梦是怎么引导我们的。然而，因为那些梦那么容易就被破解了，它们也就成了例外。你所做的梦中有 90% 没什么意义或者意义不大。它们看似荒诞不经，就像一门你听不懂的外语。然而，如果你愿意研究一下你的梦，你就能明白解梦的关键，梦就会为你打开一个精彩纷呈的新世界。

梦是运用象征和寓意传递信息的。这些象征对于直觉而言就像语言之于思维。梦的语言与其说是语言，不如说更像美术和诗歌。至于潜意识为何用象征而不用语言的原因，有人认为，意识的这部分是先于语言出现的。

你的梦是潜意识向你传递来的信息，反映你自身的某些情形。梦往往是有关你和你的处境的：你在哪儿受困了，你在逃避什么，你在怀念什么，你在忽视什么，你需要去哪里……在 95% 的时间里，你梦里所有的人物、动物、怪物都代表着你自己的某些方面。当你开始着手解梦的时候，就假设梦里的所有人都是你自己（除非你能认出来这些人物是谁，比如是你的孩子、配偶、同事等等，即便这样，有时他们也是你自己）。

举个例子来说吧。假设你梦到一个夜盗闯入你家想偷东西，还想伤害你的孩子们。你站在强盗对面，接着就要进行一场殊死搏斗。这时你惊醒了。

要想客观地解梦，你首先得设想自己既是梦中的强盗，又是梦中的自己。然后你就开始向自己提问。我的什么行为或想法在伤害孩子？或许你认为自己工作太忙，没抽出足够的时间陪孩子。是不是你对工作的投入正在试图把你的孩子们从你身边“偷走”？

另一个解释是，你的孩子们就是你自由自在、无忧无虑的一面，而夜盗是你一本正经、逻辑严密的另一面。是不是你“成人”的那部分正在压制你与生俱来的随和、纯真的天性？或许你的梦是在告诉你，目前的生活方式正在使你失去什么东西。你明白了吗？

切记不要机械地理解梦。比如你梦到自己正驾驶一辆高速跑车以每小时150公里的速度在一段弯路上疾驰，突然车子失控，车毁人亡。这真的意味着你会发生车祸丢失性命吗？可能性不大。更可能的是这个梦在传递和你有关的另外一些信息。你的生活是不是有哪些方面失控了？你是不是需要在哪些方面“减速”？你的梦可能在暗示，如果不减速，你会“撞车”，也就是说，你或许会生病，或许会失去珍贵的东西，或许一个重要的人会疏远你。在梦里，死亡通常意味着改变、变迁、某段生活的结束和另一段生活的开始。你马上要面临变化吗？也许变化很快就发生。梦是不是符合现实呢？

噩梦是你的潜意识正试图提醒你要审视一下生活的某个方面，潜意识好像在说：“喂！注意了！”同样的道理，重复出现的梦传递的是要你破解的信息。当你能够正确理解这些梦的时候，它们就不再出现了。它们之所以不断出现，就是因为你没能听到它们传来的信息。

下面是自己解梦的一些技巧：

◎ **给梦起个名字，加个题目。**这个名字或题目是不是有意义并不重要，目的是让你的直觉想起些什么。这个名字能给你提供线索。

举个例子说明。许多年前我打算投资一个项目，当时那个机会似乎是千载难逢。就在签署协议之前我做了个梦，梦到我的一个合作伙伴用皮带牵着一只臭鼬。我问他："你牵着臭鼬干什么？"他习惯性地耸耸肩没有作答。从梦中醒来我就立刻想弄清其中的含义。我给这梦起了个名字叫"发出臭味的东西"，后来我决定不投资了。看起来我似乎错过了一个投资良机，可是两年以后，那个项目涉及的投资方全部破产了。就这样，倾听了梦的声音使我免于损失一大笔钱。

◎ **醒来以后再次回到梦中，和梦中的人物对话。**找一个能有 5 ~10 分钟不被人打扰的地方，闭上眼睛，让梦境重现。让场景和人物与梦中一致，让自己置身于梦中，并让梦境一幕幕展开，不同的是这次你可以自己决定做出何种反应。例如，在梦里强盗闯入你的房子并试图伤害你的孩子们。那就重建一个一模一样的场景，只是要和歹徒搏斗的时候，不要搏斗，而是以对话代之。问问歹徒：他是谁？他想要什么？他为什么这么做？这个梦告诉你什么？既然现在你控制着这个梦，你就可以办得到。或许你还可以和梦中的孩子们说话，也问他们一些问题，也许你对他们说的话感到很惊讶。这种技巧能帮你找出梦境的全部意义，所以弥足珍贵。梦里的人物真的会和你说话。

◎ **将梦比做一部戏剧，依照引子、情节、结尾结构性的标题一一对照。**

1. 引子。梦的背景及出现的问题。

2. 情节。一些动作，故事展开时的跌宕起伏。

3. 结尾。梦是怎么结束的？问题是否得到解决？故事的结尾暗示了什么信息或主题？

按照这些标题对照梦的时候，你应该问问主要的象征是什么：这些象征代表什么？我的过去和这些象征有什么联系？这些象征是怎么给我暗示的？

还要看看你自己在梦的每个部分有什么感受，这是揭开其含义的一个线索。你感到如释重负？恐惧？自信？有力？你可能梦到目睹了一场谋杀，但你并不恐惧和沮丧，而是感到高兴和兴奋。醒来后你觉得很困惑。其实你感到高兴和兴奋就是线索。你自身或你的生活哪些部分需要改变（被谋杀）了？这个部分发生了变化后你会觉得兴奋还是轻松？这个梦暗示的是什么改变？仔细整理一下所有的线索。

有时候，梦能立刻就说明问题，但多数时候需要一段时间慢慢发芽，几天或几周以后才变得有意义，有的时候需要的时间更长。即便你不能解释所有的梦（开始阶段能解释四分之一就算幸运了），解梦这个行为本身也会使潜意识的功能得到完善和提高，这是非常宝贵的，因为所有的努力都会在不同层面得到回报。只有理性的努力不足以对梦作出解释，我们除了逻辑思维，还要在很大程度上依赖直觉。

梦一旦被记住并被赋予正确的解释，它就会产生持久的影响。它和你息息相关，会将你和你的内心世界联系起来。当我们的解释一语中的时，内心会立刻有所反应，我们也就感觉充满了力量。每当我们正确理解了一个梦的时候，这个梦就在给我们提供养分，使我们内心平静而满足。我们可以从内心得到引导和洞察力，所以我们解梦的时候往往是在和潜意识进行一场生动的对话。通过反复练习，我们会逐步认识到，自己和内心的某种无限强大的东西紧密相连。

第十章 在出现变化前要接受现实

人的未来存在于他的内心，此刻就在蠢蠢欲动。

——亚伯拉罕·马斯洛

世上没有偶然，你的生活亦是如此。你过去的意识促成了当前的现实。你的过去就是“现在”的起因和根源。

不妨做这样一个类比：当你仰望天空看到无数星星的时候，实际上你看到的就是过去，因为其中的一些星星在你看到的时候可能已经不存在了。这是因为这些星星处于几百甚至几千光年以外，也就是说，星星发射出的光芒要以每秒 30 万公里的速度穿行几百或几千年才到达地球。所以，我们看到的一百光年以外的星球发出的光是这个星球在一百年以前发射出的。或许这个星球在 25 年前就爆炸或瓦解了，但我们仍然看到了它发出的光，并且在随后的 75 年仍然可以看到，即便这个星球现在已经不存在了。

在你使用意念力去改变现实生活的时候，一定要把这个类比熟记于心，因为当你开始改变想法的时候，现实不会立刻就发生改变，而是肯定存在一段时间的滞后。在这个滞后的时间段里，你会开发一种新的意识，而这种新意识与你的过去是密不可分的。

这一“等待其发生”的阶段很关键，因为你在这期间的反应会加速或延缓你要创造的现实的到来。你或许会对事情是否会改变产生疑惑，或许会感到灰心丧气，怀疑自己是在浪费时间。你的大脑也许会愚弄你，告诉你什么都不会发生，“意念”根本没有力量，不会产生任何影响。产生这样的想法其实很自然，所有人都一样。不要留意这样的想法，继续耐心而勤奋地坚持练习。一定要记住，现实其实是一个不断产生变化的过程，而不是固定僵化、一成不变的。

万事万物都处于从一种状态向另一种状态转化的过程中，所以你的境况也总是处于变化中，从一种状态向另一种状态转化。如果坚持你的新理念，除了新的现实，它还能带来别的什么吗？仔细想想吧。

放松心态，享受意念练习的过程吧！不要理会那些消极的想法。你的生活会自然而然、毫不费力地发生变化，你真的不必强求。

记住以下几点：

1. 对现在的想法保持清醒的意识。你是用“现在”的思想创造未来的遭遇。

2. 改变自己对于不理想遭遇的反应。如果你情场失意，加之身体又不好，近来又丢了工作……诸事不顺，那你必须做的第一件事就是接受现实。不要装做这一切都不存在，也不要浪费时间怨天尤人，而要用意念的力量改变现实。

3. 排除日常的杂念干扰，每天给自己留出一段内心的“创造”时间。这段内心的“创造”时间能真正给你带来力量。

有一次我给一个公司打电话，咨询一些生意上需要的信息。接电话的女士让我半小时后再打，并解释说：“不好意思，我们的电脑现在访问不了，因为正在运行另一个程序。”我放下听筒就想，这和我们练习意念力是一个道理。当我们运行一个大脑程序的时候，大脑就会向所有外部的干扰因素关闭，专心地、一遍又一遍地运行这个程序。

改变是一个积累的过程

假设你有一个滴管，里面装满红色颜料。有一大碗水，你每天在这碗水里挤一滴颜料。起初你看不到效果，因为颜料会很快消散。然而，如果你继续每天加一滴颜料，这碗水就会逐渐从清澈变成浅粉色，继而变成深玫瑰色，最后变成红色。

在创造新现实的过程中，滴管滴颜料的过程就是每天进行创造的那个过程，其间你将自己从焦虑、困难和“当下”的现实中分离出来。这个阶段少则需要5分钟，多则30分钟，关键是你每天都能坚持。坚持不懈地练习你所学的技巧，就会看到越来越好的效果。那些练习时三心二意的人很快就会半途而废，而对于有眼力、有理解力、能持之以恒的人来说，没有什么是做不到的。

你有勇气相信自己会比现在更强大有力吗?

你愿意每天坚持“我能创造理想中的现实”这样的想法吗?

即便面对似乎是一成不变的现实甚至更为糟糕的情况，你能坚持每天做练习并对练习的结果坚信不疑吗?

如果能，那你就会得到你想要的东西。你的身体在这个世界上向前迈了一步，而这个世界就会给予你想要的一切。

第十一章
专心致志并善于思考

要想完全理解一种伟大而美妙的思想，其花费的时间可能并不比构思这一思想所花的时间少。

——珍·儒贝尔

大多数人把“专心致志”当做一个很大的概念，将它与辛苦甚至是痛苦的死记硬背联系起来，在内心告诉自己“专心致志”很难做到。然而，如果你在看电影或听音乐会的时候入了迷，你就会发现，当你沉浸于自己喜欢做的事情时，“专心致志”实际上是自然而然发生的。

集中注意力不需要作出超乎常人的努力，但的确需要练习。像大多数技能一样，专心致志也是一种可以学会并可以提升的技能，用得越多，就越容易做到。事实上，在你提高专心致志技能的过程中，你不但会发现，有意识地引导自己的思维会变得越来越容易；你还会发现，自己的头脑会愈加清晰，洞察力也大大提高了。

将意念集中于一个想法、一种思维或一个形象是使用意念力的前提。不幸的是，如果我们从未训练过自己的意念，很可能会发现它非常活跃因而难以驾驭——总是从一个想法跳到另一个想法。这是我们在意念训练开始阶段首先应注意到的一个问题。我们的意念比我们意识到的更加活跃，需要靠意志力去引导。引导意念是我们必须要学会的，将它引导到我们选择的想法上来，并让它拒绝我们所摒弃的想法。我们一旦屈服于内心的一丝想法，任其引领我们的思想到处狂奔，我们的意念就会陷入幻想、烦恼或逃避倾向而不能自拔。任何一种想法都具有控制我们的力量，学会集中注意力就是重新获得对意念的控制力。通过各种集中注意力的技巧稳定意念，使其得到训练和加强，这样我们就可以将其引导到正确的想法上来。

提高注意力和加强肌肉力量是一样的。如果你有很久没去过健身房，刚开始健身的感觉会非常难受，像受刑一样。可是如果坚持每天或每两天健身一次，不久你就会发现，健身原来是很有趣、很令人愉悦的一件事。不仅如此，你还会发现自己的身体和精神面貌都大有改观。其实，大脑的“健身”也是同样道理。刚开始你的大脑不习惯于缜密思维，所以这一阶段集中注意力的尝试会遇到抵制，不会像经过长期练习后那样有效。一定要牢记这一点，不要因为刚开始练习时的不顺而灰心丧气。一定要耐心一点，多给自己一些时间去提升这一新的技能。只有定期坚持练习才能保证最佳效果，而且你肯定能得到这样的结果，我向你保证。

冥思

对于提升专注力来说，我所知的最佳方式就是冥思。冥思不仅可以强化你的意念，使其越来越清晰，还可以使你更好地洞察自己正在开发的潜力。冥思的练习是我们训练中一个不可或缺的部分。

无论是观点、道理还是法令，冥思可以让我们突破表面，发掘其深层内涵。多少年来，那些伟大的艺术家、发明家、神秘主义者和空想家就是通过冥思获得了独到的洞察力。没有深入的冥思，几乎不可能洞穿事物的神秘表面，这就是大多数人对现实的理解只流于表面的原因。只要能引经据典地就一个话题发表一番宏论，就认为自己对此话题无所不知——我们经常掉入这样的陷阱。或许我们知道一点相关的知识，但那仅是沧海一粟，肯定不意味着我们无所不晓。

下面我举个例子。有一个番茄还在又小又硬、泛着青色的时候就被摘了下来，另一个是在阳光下长得饱满多汁、香甜可口的时候摘下的。你尝了一口那只青番茄就可以跟人说你知道番茄的味道，严格地讲你说的没错。你会说番茄的味道又苦又涩，因为这就是你的亲身体会。可是现在你尝了那只甘美成熟的番茄，立刻就明白自己曾经错过了那么多。你对“番茄”可能是什么味道有了更加全面的认识，因为你现在尝过了番茄两个生长阶段的味道，也就了解了它们之间的差别，青番茄的真正潜力也在你面前显露无遗。同样道理，一旦读了这本书，你就会说，你现在理解了意念的力量是怎样起作用的，你真的得到了有关意念的基本信息。可是，仅仅读一遍这本书和坚持定期练习书里教授的技巧，二者之间有着本质区别。相对于只停留于书本知识的人而言，真正付诸行动的人更能了解和理解意念的力量。同样道理，如果你对于一件事能凝神思考一段时间，就会比那些没有经过思考的人对其有更深入的理解。

怎样练习冥思

所谓冥思，就是将自己的大脑用做探照灯，去找寻新的信息，就一种观点、一个想法、一则律法或法则去进行深入的探究。这是一个规范思维的过程，将其集中于你所思考的对象，重新组织思考的内容，在事物间建立新的联系，发现表象下隐藏的相似之处和以前未曾察觉到的相互联系。

你可以凝神思考任何给你带来灵感的、或者你想理解得更加透彻的东西。比如，你要凝神思考一下“思维是真正的力量”这个观点。用手表或闹钟给自己定时（建议每次冥思练习最多持续 5 ~ 10 分钟），开始将注意力集中于“思维是真正的力量”，将整个身心沉浸于这个命题，进行深入思考。给自己提几个问题，比如：“这句话是什么意思？它的深层含义是什么？这句话对我有什么影响？我能让这句话为我服务吗？”将冥思练习限制在规定时间内，不要让你的意念脱离这一主题。

在冥思期间，如果你的意念不能集中（肯定有不集中的时候），要温和但坚决地把它拉回到冥思的主题上来。在开始练习冥思的时候，你的意念在 5 分钟时间内可能会游离 10 ~ 20 次，在此期间毫不相干的想法会出现在大脑里——最近发生的事情、有待完成的任务、愿望、烦恼以及幻想都会不请自来，并试图控制你的注意力。不要让它们分散你的注意力，一旦察觉到这些干扰的入侵，不要理它，要立刻回到刚才的思考过程。对这种规范和引导，你的意念还不习惯，它更愿意自由徜徉，随意选择思考的内容。它会感到厌烦，觉得没什么可思考的，因而会焦躁不安。你要忽略所有这些感受，只要一次又一次地将意念拉回到中心主题上来就好，并且要坚持到预先设定的时间。这就是真正的头脑体操，是一种绝妙的训练。现在你就在引导并控制自己的意念，而不是任其恣意妄为。

将这一练习坚持一些日子甚至坚持几周后，你会发现：首先，这种方法规范和训练你的意念，你正在提升自己的专注力。你的注意力会变得更加集中，你会更富有创造力；其次，你有限的理解力将会变得更加深刻。你会发现，在练习的过程中有时能体会到一种兴奋感，还有一种豁然开朗的感觉，思维都活跃起来。所以在冥思的时候不妨把笔和纸放在手边，这样就可以在新的灵感出现时把它们写下来。你会发现自己在情感上已经接受了正在冥思的内容，这比简单的理解更能给你带来满足感，这样思考产生的能量也就更大，你冥思的主题也会因此深入你心。

意念潜在的能量是通过练习开发出来的，思考能力也是随着训练而变得正确、强大。今天就开始练习冥思，从而加强专注力。或许你会选择思考“我有强大的潜意识”，或许会是“思想影响现实”，或许你会选择这本书里几百种改变生活的原理及技巧中的任何一条。然而无论你选择思考什么主题，请相信，你的努力会换来丰厚的回报。

第十二章
把信念铭记在心

智慧的思想是经过千万遍深思熟虑才提炼出来的。要使这些思想为己所用，我们应该反复思考，亲身体会，直到它们在我们体内生根发芽。

——歌德

无论在生活中哪个方面，我们都会有自己的信念和设想。甚至有一些设想和信念是在童年时代就有的，并一直延续至今。一旦拥有了信念和设想，我们就很少会对它们提出质疑，想当然地认为它们是正确的，无须提出任何理由。假如我们认为，钱是很难挣的，那么理由很简单，钱就是很难挣。假如我们认为自己很没用，理由就是我们真的很没用。假如我们认为自己没有机会，理由也很简单，我们就是没有机会。我们经常会质疑生活中的方方面面，当然也包括我们自己，但往往最后遭到质疑的才是我们的信念和设想。

你相信什么，就能得到什么

一旦有了信念，很少有人愿意亲自反复验证这些信念到底是否正确。如果你生活的某个方面出现了问题，你可能会发现，这些问题的本源就是你拥有了错误的或是受局限的信念。比如，你的人际关系出现了问题，那么你就检查一下你对人际关系的看法。同样，如果你的健康出现了问题，你就要看看你是如何对待健康的。你的经济出现了问题，你就要问问你自己，你是如何看待金钱的。

我班上有一个男同学，三十岁左右，说话轻声细语。有一次下课后，他向我透露，他赚的钱只够养家糊口，从来没有多余的钱存进银行，用来进一步发展。“我永远不会有足够的钱，”他耸耸肩，“我不可能有什么进一步的发展。”

“我永远不会有足够的钱”，“我不可能有什么进一步的发展”，这两个消极的信念在潜意识里就拖住了他前行的脚步，一直影响着他的现实生活。我告诉他，这可能并不是唯一一种有关钱的局限性信念，以我的经验来看，大多数的局限性信念还会引发很多你不希望发生的事。

后来我让他写下他对钱和成功的全部看法。结果一目了然。他写的东西和很多人想的一样：“如果我拿了别人的钱，他们就没钱花了”，“我没有赚钱的机会”，“钱太难挣了”，“成功的人都很自私，我不想成为自私的人”，“要想成功，我就得放弃很多”……你看看，他列举的这些都是限制自己发展，并使自己失败的信念。

毫无疑问，这个人赚不了大钱，因为他一直都在和他的潜意识抗争，跟他的信念抗争。他的信念认为，如果你想挣很多的钱，那你肯定会变成一个自私的人，成为一个孤独的人，要放弃很多很多。

还有一次课上，一位身体一直很差的女同学审视了一下自己的信念，原来她爱对自己说“每个人都生病”，“现在的病真是太多了”，“我很容易就染上病”，“我的身体太虚弱”，“疾病的力量太强，我没有能力战胜它”……幸运的是，她改变了自己的信念，开始认为生命的力量强大无比，最终她恢复了健康。

你潜意识里的内容对你有很大的影响。如果你的潜意识挑选了焦虑担心、消极悲观或者限制性的意见，就会把它们当做是正确的，然后带着这样的信念夜以继日地工作，直到带来相应的恶果，才肯善罢甘休。如果你的信念是贫穷、失败、烦恼，那么你的潜意识会千方百计来夸大与此有关的现实。你潜意识里的东西和你在生活中的全部经历两者之间是相互直接影响的。

杯弓蛇影

有一则中国成语故事：一个人到朋友家做客。主人把他带到书房，倒了一杯酒请他喝。这个人正要喝酒，却发现杯中有条小蛇。他虽然害怕，但又不敢冒犯朋友，于是就把酒喝下了。回家后，这个人就病倒了。

朋友听说了他的情况，再次请他来做客。他们来到书房坐下，主人又递给他一杯酒，说：“你在今天的杯中还能看到蛇吗?”他回答：“所看到的跟上次一样。”朋友大笑，指着墙上挂着的一张角弓说：“你看到的是弓的倒影，这里根本就没有蛇。”

这个人仔细看了看，终于确信杯里的确没有什么蛇，只不过是一张弓的倒影。他离开朋友家，没服任何药，几天后就痊愈了。

当我们对自己和世界产生局限性的看法时，我们就如同吞下了想象中的蛇。除非我们查出事情的真相，否则这些蛇会一直存在。

一旦我们的潜意识里接受了一个信念或想法，无论它正确与否，我们的潜意识里就会不断产生一些想法来支持这个信念。假如你的潜意识认为，确定恋爱关系很难，你不断地对自己重复这个信念，不久，这个信念就会铭刻在你的心里。一旦铭记在心，你的大脑就会不断地产生一些想法，诸如："我不可能遇到我喜欢的人"，"遇到一个好的生活伴侣是不可能的"，"人际关系对我不起作用"等等。当你遇到一个心仪已久的人，你的想法可能是，"他可能不是很优秀"，"为什么自寻烦恼去尝试和他恋爱呢？根本是白费劲"或是"她不会对我感兴趣"……而且，一旦深信"建立恋爱关系太难了"，你的大脑会放大任何支持这一想法的偶发事件，却对不支持这一想法的事情加以忽略或置之不理，这样我们就扭曲了对现实的理解，使它符合我们自己的错误信念。

你认为自己百无一用吗？或是你认为钱是很难挣的吗？你觉得自己体质很差很爱生病吗？如果你真的这样认为，那么你的潜意识里会产生一些无可反驳的证据来支持这些信念，并用这些信念来解释客观现实。

相反，如果你认为自己是个常胜将军，处处都能赚到钱；或者你认为你的身体充满活力，健康无比，那么你就会发现，到处都是强有力的证据，它们足以说明你的信念是正确的。

明智地选择你的信念

生活中无论哪方面出现了问题，记住，你自己就是问题的制造者，同时，你也是问题的解决者。你遇到的阻力不是来自外部，而是内部——你的信念。当你的潜意识接受了新的信念，整个问题就解决了，一个新的现实世界就向你敞开了。

譬如，你认为“交朋友太难了”。形成了这种信念，你就会为交不到朋友找借口：这不是你的错，就是太难啊！你没交到朋友是符合逻辑的，也是可以理解的。你的信念欺骗了你，它让你相信，你缺少朋友并不是你的错。

如果你改变信念，认为交朋友很容易，接到邀请你吃饭的电话就不会把你吓一跳。事实上，你可能没交几个朋友，但你思想的重心的确有所改变。顷刻间，你的问题就解决了：因为问题就出在你自己身上。如果你对自己是很负责任的，你就会定期检查自身是否有需要改正的地方。有时仅是态度上的转变，无数机会的大门就会向你敞开。

当你继续坚信交朋友是很容易的事，你就会找到很多证据证明这一信念是正确的。你会做出必要的改变，从这个新建立的信念中获益。

最大限度地挑战自己

挑战自己，让自己多树立一些新的、有理有据的信念，即使是一些表面看来不是很令你信服的信念。提醒自己，你可以往自己的潜意识里输入任何思想、想法和信念，只要它们是出于某种情感或是通过多次重复灌输到你的意识里，你的大脑就会接受它们。

我们的思想是习惯的产物。如果一些局限性观念在你的大脑里生根发芽，你可以植入新的、更有说服力的信念，从而排挤掉这些局限性观念，并通过不断实践强化新的信念，直到这些新的信念将旧的观念取代。我们的大脑就如同一间房子，一定要定期清理，更换家具，粉刷墙壁。就让时间把那些有局限性的、阻碍我们进步的思想、念头清理出去吧，用一些经得起时间考验的积极向上的信念来代替它们。

仔细看看下面列举的说法，你是否常常习惯把它们挂在嘴边。

我做不到。
我从来没取得过进步。
现在根本没有什么机会。
我已经试了上百次。
我做什么都没有用。
取得进步太难了。
事情总是不顺。
好景长不了。
生活太艰难。
你不得不努力工作才能得到你想要的东西。
对我，这不是合适的时间。
我不知道该怎么办。

如果这些说法你听起来很熟悉，那么，你要想取得成功，改变自己的现状，你就应该立刻向你的大脑植入新的、更有说服力的信念。要想使自己获得成功，就不要为自己找借口，不要为自己找一个避风的港湾，不要被各种会造成你失败的“利益”所诱惑。很多人都满足于现状，因为他们不愿意也不打算作出改变。他们总认为，生活是没有希望的，困难重重，命运就该如此。没有什么东西能使他们改变想法。你呢，你怎么做?

挖掘你的可能性

第一步

你对生活的哪些方面感到困惑，将它们挑选出来，经济、人际关系、性、健康、生意，无论哪个方面都可以。写下自己对这个问题的信念和看法。花点时间，用点心，认真地对待这件事。不要只写好的东西，要写你内心的真实感受。写完后仔细看看，哪些信念是有局限的。我们不要太在乎这些信念正确与否，我们要关注的是，它们是否有局限。如果你很真诚地做这件事，这个过程能暴露出你现有信念的不足。

第二步

在这些局限性信念旁边写下新的、更有说服力的信念。比如：

局限性信念	新的信念
我没有办法挣到钱。	有许多未知的办法可以挣到钱。
接触人太难了。	接触人很容易。
交朋友太难了。	交朋友没什么难的。
我永远不会成功。	我一定会成功。
我没有时间做这个项目。	做这个项目的时间非常充裕。

使用下面的记忆技巧，把这些新的信念植入到你的潜意识里。一个月内植入一两个信念，不要贪多。几个月过后，你会发现有许多新的强大的信念对你起了作用。

如何铭记在心

记忆的技巧实际上很简单，从一出生我们就在使用它。我们使用它来学习母语，而后，我们学了乘法口诀表，一下就知 6×6 和 8×7 的答案，可以脱口而出，因为通过无数次的练习和重复，这个答案已经铭记在我们的脑海里。谁能记住我们到底写了多少次、记了多少次乘法口诀表？我们可能也不记得自己如何学会了阅读，但是我们都是靠相同的方法——多次的重复背诵单词和词组。如果我们发音不正确或是读错了，我们就一遍一遍地自己纠正或者由别人帮我们改正。现在我们能流利地使用母语，因为我们已经将它铭记在心。

像其他新信息一样，新思想和新信念也必须先铭记在我们的脑海中，而后它们才能被我们成功自如地加以使用。新思想无论多么鼓舞人心，它都不会在我们心中驻留太久，因为我们很快就会失去对它的热情。一个新思想无论是多么令人激动不已，我们都不可能也不愿意一直以最初的热情来坚持这个新思想，最终，我们不可避免地又回到最初的位置，回到旧模式。

要使新的信念铭记在心，我们要不断思考并强化这种信念。对自己不断重复一种思想时，要认真思考，让它真正为你所用，对与之对立的思想不予理睬。新思想不堪一击，一开始你就应不断给它补充营养。你应警惕，一不留神，那些难以控制的旧思想，就如同疯长的杂草，会再一次把新的信念排挤出去。

任何新思想、新信念必须经历最初的萌芽阶段，才能在我们的潜意识里生根，才能长得枝叶茂盛，而这一切需要时间。一次两次甚至十次二十次否定旧思想，新思想也不会出现在你的潜意识里。正确铭记一个新的信念需要一到三个月的时间，每天花 5 ~ 10 分钟，它才能铭刻在你的脑海中。一个想接受新信念的人，如果只把这个信念念了一两次，他注定会失败。知道为什么吗？“我已经尽力相信这个信念，可是我还是办不到。”他们往往无助地说，可是，他们到底有多努力呢？

你正在尝试着往你的潜意识里植入新的信念，而且这些新的信念经常和你现在拥有的信念背道而驰。你的大脑不可能把这些新的信念和你已有的旧信念合在一起，除非你打算在一两个月的时间里每天都花时间来记住它们。如果你三心二意，你又何必浪费时间使自己失望呢？每一个新的信念都需要你花时间、花心血去浇灌，这样它才能在我们的潜意识里生根发芽，枝繁叶茂。除此之外，任何方法都不管用。现在请跟我一起重复：

每一个新的信念都需要花时间、花心血去浇灌，它才能在我们的潜意识里茁壮地生长。

每一个新的信念都需要花时间、花心血去浇灌，它才能在我们的潜意识里茂盛地生长。

每一个新的信念都需要花时间、花心血去浇灌，它才能在我们的潜意识里茂盛地生长。

记住了吗？

第十三章
树立自我形象

限制我们发展的就是我们自己。

——罗伯特·弗罗斯特

大多数人都会认同下面这个观点：一个好的、健康的自我形象很重要。然而，很少有人明白，如何才能使自己拥有一个好的、健康的自我形象。也很少有人能认识到，我们现在拥有的形象最初是如何形成的。

我们的自我形象，确切地说，是由我们多年对自己形成的印象所构成的一个总印象。一旦这种印象植入到我们的潜意识里，它就会焕发出固有的生命力。我们甚至会忘记，这是我们树立起来的形象，而这些形象我们是可以改造和重塑的。

让我们进一步来看一看，自我形象是如何形成的。在孩提时代，当我们的“价值观”第一次树立起来时，我们就接受了别人对我们的各种各样的看法。如果我们的父母具有爱心、经常支持我们，我们的自我感觉就有可能相应地好些。如果我们的父母常常辱骂、嘲笑、轻视我们，我们对自己就很难有一个正面的评价，自我形象也很难是正面的。当我们长大了，离开了父母，步入了一个与同龄人相互接触的世界，各种经历也会对我们如何评价自己产生影响。假如我们有一个习惯，会经常想到生活中那些不可避免的令人失望的事情，那就太不幸了，自我形象就会非常令人失望。

树立一个坚强的自我形象

一辆车假使不进行适当的保养维修，它将不可避免地成为一堆废铁。一间房屋如果不加以维护修缮，它将破旧不堪，最终荒废并被人遗弃。同样，如果你想给自己一个充满活力的自我评价，就应该时刻关注自我形象。视而不见，你的自我形象就会受损。赶快行动吧，关注自我形象就如同关注你的健康一样，都是非常重要的。

生活中不时会遇到一些失败和挫折，令人失望，也令人伤心，如果掉以轻心，我们很容易变得委靡不振。我们必须定期巩固自我形象，使其更加健康。我们可以制订一个方案，把一些肯定自己、积极向上的、鼓舞人心的评价定期植入意识中。有时我们可以对自己进行小小的欺骗，即使名不符实，我们也应把它植入脑中。记住，你的潜意识会把所有的自我评价照单全收，无论是真还是假，这些看法最终将成为你的自我形象的一部分。

你应该将下面三个概念铭记在心，它们将有助于你即刻提升自我形象。

1. 你就是你，你与众不同。没有谁会拥有与你同样的思想、观点，或者与你有同样的行为方式。大多数人都认为自己是普通人，但你不是这样，你不会做出这样错误的判断。不要只是标榜自己与众不同，你应该通过每天的行为、思想来展现自己、证明自己。你应牢记，活着就好，做自己就好。把你高尚的一面和你的优势展现出来。

2. 你无所不能。有时我们会忘记，生活赋予了我们无数的可能性和各种各样的选择。我们总是一成不变地度过每一天，却从未想过，假如我们用心去做，我们能做些什么呢？

你能到全世界任何一个国家去旅行。

你能学会任何一种语言。

你能做各种生意。

你能学会演奏任意一种乐器。

你能加入任何群体。

你能学会任意一门手艺。

你能从事任何职业。

你能完成任何项目。

你能用各种方式思考问题。

假如你用心去做，有什么办不到的呢？在你犹如电脑般的大脑中，已经写满了各种程序，它涵盖了生活的方方面面，我把它们叫做全息可能性。一粒马铃薯的种子仅仅有一种可能性，那就是，它只能长成马铃薯。玫瑰的种子只能长成玫瑰，它的命运被锁定在一种现实中。但是你却有无限的潜力。你选择什么，你就会有成为什么的可能性。

3．你的力量是无穷的。每天醒来处理手头的事情时，你都会感觉自己有无穷的力量。我说的力量是指你自我选择思维的能力。没人能告诉你，你应该想些什么，你应该如何想。你的思维具有无穷的力量，你，也只有你自己才能决定运用思维的力量去做些什么。你能创造、建立并美化你的生活。

你认为自己是哪种人，就会变成那种人

总觉得自己胆小，你就会变成一个胆小鬼。

总觉得自信，你就会变成一个充满自信的人。

总觉得自己意志薄弱，你就会变成一个意志薄弱的人。

总觉得自己坚强，你就会变成一个坚强的人。

总觉得自己做事有目的，你就会变成一个目的明确的人。

总觉得自己有远见，你就会变成一个有远见的人。
总觉得自己无助，你就会变成一个无助的人。
总觉得自己可怜，你就会变成一个自怜虫。
总觉得自己很热心，你就会变成一个热心肠。
总觉得自己很有爱心，你就会变成一个充满爱心的人。
总觉得自己很成功，你就会变成一个成功的人。

你有义务时刻关注自我形象，你有责任树立并保持良好的自我形象。定期认可自己的优点，不断强化那些积极的、正面的自我形象，使其形象化并在你的潜意识中生根发芽。

自爱

自爱是很重要的一点。自爱并不是“我比你好”。自爱就是培养这样的一种感觉：我这样很好。自爱就是要认识到：你就是你，不必成为另一个样子。只要你能接受你就是你，那么你就很容易改变你自己，使自己变得与众不同。这么说或许有些可笑，但是如果你不喜欢自己，你就很难改变自己。因为只有内心深处真正接受了自己，你才有可能向前进。卸下身上的重压，不必做别人，做一回你自己。一旦你接受了自己身上的一些品质，会发现那正是你孜孜以求的。

自信

无论什么时候你都一定要自信。只要你坚信自己一定能成功，世界上就没有什么你解决不了的问题。如果你有一个不幸的童年，把它抛到脑后吧，美好的未来在等着你呢。如果你以前失败了，那又怎样？重要的是你现在是怎么想的，有了这些想法后你又是怎么做的。当你对自己的评价很好，又很自信，那么你的生活会变得非常轻松。由于你在改变，你周围的一切都在变。一切尽在你的掌握之中。

第十四章 提升你的创造力

所有的艺术都不能称之为艺术，生活本身才是最伟大的艺术。

——玛丽·卡罗林·理查兹

一提起创造力，我们通常会想起作家、画家、诗人、音乐家，这些人的艺术创造力是非常活跃的。但是我们所说的创造力并不仅仅局限于这些人。成功地经营一项生意，做一个有革新精神的家长，过快乐而有趣的生活，所有这些都需要拥有和艺术家一样的创造力。有时你需要的创造力甚至比艺术家所拥有的还要多。有创新、有灵感，对于处理生活中的每一件事，包括人际关系、家庭、生意、工作和社交圈，都起着至关重要的作用。成功的人在生活上都很自信，他们都富有创造力，经常能想出好点子，激励自己去迎接每一天的挑战。

你有创造力吗？如何回答这个问题将决定你生活的方方面面。你如何看待自己？你是否相信自己的才能？你是如何解决问题的？如何提出解决问题的办法和方案？所有这些都取决于你对“你有创造力吗”这个问题的回答。为什么这么说，我解释一下。几年前，一家大公司进行的一项研究引起了我的关注。这家公司之所以进行这项研究，主要是因为他们意识到自己的工程师缺乏创造力。为了解决这个问题，他们还邀请了一些心理学家，让他们调查一下拥有创造力的人和没有创造力的人到底有什么不同。公司管理者希望通过专家的研究调查找到一些方法来刺激和鼓舞那些缺乏创造力的人。为了把有创造力的人和没有创造力的人区分开来，心理学家进行了各种各样的测试。是否有什么神奇的要素能把这两类不同的人区分开来呢？如果有，它是什么呢？心理学家们向被测试人员提出几百个问题，从教育背景，接受教育的方法、习惯，一直到喜欢的食物、颜色，喜好的事，厌恶的事，问题几乎涵盖了生活中的方方面面。为了能够寻找到确切的答案，心理学家还研究了被测试人员的信仰、思想和生活态度。研究历时数月，耗资十几万美元，心理学家终于找到了他们一直在寻找的东西。确实有一个很神奇、很关键的要素，它能把测试人员分成两组。这个神奇的要素就是：**拥有创造力的人都认为自己具有创造力**，相反，那些**缺乏创造力的人都认为他们自己没有创造力**。这个本质上的区别非常重要，它完全反映了我们到底是什么样的人，过着什么样的生活。

一些认为自己不具备创造力的工程师，从来不去探求解决问题的新方法和新途径。他们到底出了什么问题？又是什么困扰着他们，使他们没有做出很多贡献呢？答案很简单，他们总是觉得自己没有什么想法，也没有什么能力，不能成为一个改革创新的人。相反，那些认为自己具备创造力的人，他们的行动就相应具有创造力。他们不断地尝试新方法，提出解决问题的新想法和新方案，这反过来又使他们更加坚信：他们真的是很有创造力的。

“你有创造力吗？”我想，你现在应该能看到这个问题的重要性了吧。无论你对这个问题作何回答，它都将是你对自己的预言。如果你的回答是肯定的：是的，我有创造力，那我要恭喜你。这一章我列出的技巧，会使你成为一个更加具有创造力的人。如果你的答案是否定的，也不要失望。无论你目前认为自己有没有创造力，不可思议的创造力就存在于你的内心，你唯一需要做的就是唤醒它。通过练习我所列举的几个简单的方法，你会发现自己的创造力，它将助你成功地实现目标，实现梦想。不久，你不仅会拥有创造力，而且还会珍视这种能力，并把它看做生活中一个最重要的工具。

每个人都拥有创造力，它是与生俱来的，能决定我们是什么样的人。不幸的是，很多人在小时候就被告知，我们是没有创造力的，于是我们就相信了。结果，我们与生俱来的创造力就被压制了。幸运的是，这些能力能够被唤醒，而且可以轻易加以利用。

六种提升创造力的策略助于你成功

一、*做一个探索者*。接受新思想和积极地去寻找新思想是完全不同的两回事。探索者总想尝试用新颖的、不同的方法去做事。探索者总是深信有新的世界、新的选择、新的成果、新的服务设施、新的朋友、新的方法、新的想法等着他们去发现。探索者敢于冒险，敢于走别人没有走过的路。艺术、商业、教育和科学领域的多数重大成就都是这些人做出的，他们喜欢探索前人从未探索过的领域。探索者从来不害怕未知的东西。他们深知，效仿别人不会获得成功，也体会不到真正的快乐；找到与众不同的道路才能成功，才能快乐。因此，一个真正的探索者总是跑在前面，总是高瞻远瞩。

二、*刨根问底*。问题无处不在。question 这个单词起源于希腊语中的 quarerere 一词，意思是寻找，它和 quest （寻找）有相同的词根。创造性的生活就是不断地对事物提出疑问。问一些具有探索性的问题对于一个人的成长是必不可少的。不要把一切都看成是理所当然的事。“做一个天真的人，质疑一切。”有多项发明的布克明斯特·富勒如是说。世界上没有最愚蠢的问题，所谓的愚蠢就是对任何问题从来不提出质疑。实际上，问题无处不在，例如：

为什么我要这样活着？

为什么我要做这份工作？

我在哪些方面限制了自己？

我需要在哪些地方作出改变？

为什么我每天的早餐都是面包和咖啡？

为什么我没在此时锻炼身体？

我怎么才能留出更多的时间陪伴家人？

为什么我总是去同一家饭店吃饭？

我忽视了自己身上的哪些才能？

如果能够接受并坚持天天练习，什么习惯能使我的生活发生翻天覆地的变化？

我想知道，如果我接触了这个人/这个客户/这家公司，会怎么样？

我想知道，如果我的生产线减少或增加一半会怎样？

我想知道，如果我再也不看电视会怎样？

我想知道，如果我们卖掉房子，搬到墨西哥住会怎样？

我有一个朋友就常常这么做。“如果我卖掉自己的房子，搬到墨西哥住会怎样呢？”他向自己提出了这个问题，对自己给出的答案也非常满意。他已经结婚，有两个孩子，还有一份大有前途的工作，但他和妻子还是卖掉了一切，移居墨西哥。他的父母和大多数朋友都认为这一举动太疯狂、太不负责任，特别是对那两个年纪尚幼的孩子，但这一切没有阻止他和妻子的脚步。他俩选择了一个以艺术氛围著称的墨西哥村庄，并搬到了那里。他写小说，他妻子从事她喜欢的陶瓷业，他们的孩子已经适应了新的生活方式。此前他们曾在墨西哥住过四年，现在再次回到墨西哥。尽管他的小说从未成为畅销作品，但他一直相信自己的直觉。他在一家出版社工作，这比他以前的工作更令他感到快乐。“这是一生中我迈出的最大胆、最正确的一步。”说到这，他的脸上露出了开心的笑容。

无论你的问题或者你的答案听起来是多么的不切实际，多么的不合情理，最重要的是，你不要在潜意识里压制自己。只有这样，你头脑里那些意想不到的新见解才会主动流露出来。如果你能开诚布公地对待你自己，仔细认真地对你生活的方方面面提出一些问题然后作答，你会发现，一些问题暴露出生活中存在的一些盲区和错误的假想，这些都值得你去挑战。另一些问题说明生活中你有需要，也有渴望，但这些都被你压制了。我们是习惯的产物，很容易落入常规惯例的漩涡中。或许这些常规惯例对我们有过一定的好处，但是现在它们也可能会阻止我们前进，使我们变得更加循规蹈矩。

我们的未来直接取决于我们能否很好地对自己提出问题，取决于我们如何认识自己的信仰、行为、价值、目标和生活方式。问一些正确的问题是你富有创造性生活的关键。如果我们想拥有新的视角，新的洞察力，那我们就应该多问自己一些有深远意义的问题，多听一些毋庸置疑的答案，这样我们才能把自己身上潜在的、并不为我们所知的那些创造力发掘出来。

三、*集思广益*。“获得一个好主意的最好的办法就是多多听取别人的想法。”诺贝尔化学奖得主莱纳斯·鲍林说。如果你只有一个想法，那么你解决问题的方法就只有一个，你只能有一条路可走。在这个需求千奇百怪的世界里，可以说这是一种高度冒险的行为。

一个答案或一种解决问题的方法一旦在思想中根深蒂固，我们看问题就会变得很片面。当我们只寻找一个答案或一种方法时，通常都会选用最先想到的那个方法。因此，要训练自己的大脑去寻找解决问题的多种途径，完全放开自己的创造力和想象力。我们应该学会说："是的，这个办法可行，但是有可能还存在更好的办法。"寻找第二个、第三个、第四个解决问题的方案，会促使我们拥有更具创造性的想象力。通常，正是第二个或第三个解决方案才更加适合我们，因为它有点与众不同。

盖伊·布沙在蒙特利尔成功经营着一家广告公司。由于为客户想出了一个非常有新意的广告活动，他得到了丰厚的回报。他说自己有一条做事原则，而这对他的职业生涯有很大的帮助。"每次策划广告活动，我总是强迫自己想出至少三种不同的设计理念，然后挑出最好的一个。我也常常差点要放弃这一原则。"他说，"有时我会觉得我的第一个想法是最好的设计，可是，即便我认为自己会选择这一方案，我也会重新思考，想出第二种甚至更多的方案。有时我真的就采用了第一种，但更多时候我采用的是第二或第三种方案。"

当你发现你只有一个选择的时候，你就应该提醒你自己，你已经缺乏创造能力了。生活本身充满着无数的选择。解放你的思想，你才会有多条选择之路。你要时刻训练你自己，找到解决问题的另一条途径，另一个选择。

四、*打破常规、打破习惯*。具有创造力意味着打破旧模式，建立新模式。墨守成规绝不是什么美德。有时打破那些束缚我们前进的规则，彻底改变我们的生活，抛掉那些令人厌倦的习惯和一成不变的模式，才是明智之举。

斯科特·鲍曼是一个很有声望、具有革新思想的冰上曲棍球教练。他懂得如何让自己的队员发挥出最好的水平。他率领底特律红翼队在常规赛中多次获胜，打破了国家曲棍球联盟的纪录，他因此获得1996年年度最佳教练称号。他取得的胜利比职业冰球教练还要多。1997年2月，他的球队获胜积分超过了1000分。当他的球队成绩不好时，他就安排那些不习惯和自己队友合作的队员一起上场打球。这种做法与传统打法是背道而驰的。按照传统打法，每次比赛教练都应该坚持安排相同的阵容上场，因为他们相互了解，很清楚队友下一步会干什么。但是，斯科特勇于尝试非传统打法，最终取得了辉煌的成绩。

我从纽约一名成功的制衣商那儿学到了一个有趣的技巧。“当我感到自己停滞不前时，”她对我说，“我就改变作息时刻表。我不再像过去那样7点起床，11点上床睡觉。我现在是4点起床，9点上床睡觉。这样的改变似乎刺激我产生了很多新的想法，提高了我的工作效率。”

后来，我尝试了类似的方法，并取得了很好的效果。一连三个月，我采用新的作息时间，这样24小时里，我就有了两个不同的睡眠段。我早晨4点起床，一直工作到中午；下午2点上床睡觉，6点起床，然后工作到深夜，再次上床睡觉。令我难以置信的是，我的效率大大提高了。而且我有了两个早晨的时间段，在这段时间里我的精力特别旺盛。我也曾有过很多的梦想，或者说至少我还能想起我的很多梦想。

如果你在生活中没有得到想要的结果，那么或许你真的应该打破身上那些一成不变的规则了。你能改掉自己的什么习惯或模式吗？你怎样调整、处理你的事情？你生活中什么地方需要进行彻底变革？现在就开始行动吧！不要担心这样做会把一切搞乱，只有尘埃完全落定，你才能打扫得更干净。

五、*发挥想象力*。想象力是不受现实世界限制的。可以充分地发挥我们的想象力。一定要坚信，潜意识里想到什么，你就能得到什么。创造性的想象力能帮助我们探寻到不同的选择，像电影画面那样展现剧情的发展和结果。有了这种丰富的想象力，我们就能改变自己的生活，提高生活的质量。

这儿有两种简单的方法可以发挥你的想象力，使你能想出一些有新意的办法。

◎ 设想一下其他人会怎么做。你欣赏一个人身上什么样的品质？你尊重一个人是因为他有创造性的成就，还是因为他有持之以恒的精神，抑或是很有远见？拿一个你喜欢的人物作为你学习的目标。这个人或许活着，或许已经死了，你可能和他很熟，也可能和他素未谋面。这个人面临和你一样的困惑和挑战。想象一下，这个人就在你的体内，已经占据了你的心灵（因为我们的想象力是不受现实世界限制的）。他或她现在正按你的生活方式在生活。他或她能做些什么呢？假如这个人是约翰·肯尼迪、纳尔逊·曼德拉、约翰·列侬或是特蕾莎修女，他们又会怎么做？他们会提出什么样的假设？他们会对何种限制和约束不予理睬？他们有什么良策来解决遇到的问题？他们会提出什么样的专业性意见？他们能作出什么创新或改变？这个想象的过程是很有意义的，它会帮助我们摆脱强加给自己的局限和束缚，同时给我们带来新的选择。

◎ 设想这个人正在和你交流，向你提建议。这个技巧始于1996年夏天。据鲍勃·伍德沃德报道称，当时的第一夫人希拉里·克林顿使用这一技巧，设想自己和前总统夫人埃莉诺·罗斯福进行了交谈。这种方法是杰·休斯顿教给她的。当时，这位才华横溢的作家兼学者和希拉里一起从戴维营返回华盛顿。这是一个非常简单的技巧，就是想象着你正和一个你崇拜的人进行真正的交流，你正在倾听这个人给你提出的建议。

杰·休斯顿也指导过电视节目主持人拉里·金，建议后者设想一下正和自己的老师——后来成为电视界传奇人物的亚瑟·高德弗里进行交谈。这个过程在拉里·金的节目里进行了现场直播，向百万观众展示了这个既有效又简单的技巧。公司的管理者和职业运动员也喜欢使用这种技巧来鼓舞自己。这种技巧管用吗？让我们来听听拿破仑·希尔是怎么说的。

希尔是《思考致富》一书的作者，他和我们分享他是如何想象会见一些“看不见的顾问”的。他选择了九个人，这九个人的生活和工作都给他留下了深刻的印象，比如亚伯拉罕·林肯、安德鲁·卡耐基、亨利·福特。每天睡觉前，他都会闭上眼睛，想象这些人和他一起坐在会议桌前。值得一提的是，在想象的会面中，希尔从来不是一个被动的观察者。用他自己的话说："我不仅有机会和我认为的伟人坐在一起，而且作为会面的组织者我还掌控着这些人。"

尽管希尔特别强调这一切都是他的想象，他实际上也不相信自己正在和这些人交流，然而通过这个过程所产生的思想是真实的。正是这些思想才把他带到一条充满冒险和致富的光辉大道上。他利用这个过程成功地解决了他和客户面临的各种困难，同时也助他成为了一个富翁。

六、*给大脑提供养分*。给大脑提供养分意味着给我们自己提供营养。我们应该学会如何自己补充养分，使自己能有意识地去不断补充所需的资源。二十一世纪的新新人类要学会更加有效地平衡工作和休闲之间的关系。正如禅宗所言："一直拉紧的弓会崩断。"可事实是，我们在面临危险时就会忽略这一点。你重视自己的创造力时，就会刺激自己不断产生灵感。娱乐放松和转移注意力就有巨大的刺激作用。

世界上大多数有巨大成就的人都说，他们之所以能取得这样的成就是因为花费了很多时间思考，再思考。这不难理解，因为当你的身体休息时，你的潜意识（创造性思维）仍在全速前进。杰出的新思想几乎都是在安静的时刻产生的。

给大脑提供养分，意味着让它想一些快乐的事而不是承担的责任。就是要做一些非同寻常的事，比较刺激的事。就是走出常规，给自己带来惊讶。去培养新的爱好，参加新的活动，可以滑雪、画画、打水球、修花剪草，什么都可以，只要能娱乐自己、给自己补充养分就行。一个受到刺激从而兴奋异常的大脑，要比一个纠缠于细节和最后期限的大脑更容易接受新思想。如果娱乐活动让你不安，那么就简单地提醒自己，你正在给大脑补氧呢。

现在是自我复兴时代

十六世纪上半叶的欧洲处于思想和文化上的复兴时期。一股创造思潮推动欧洲社会走出黑暗，进入黄金时代——文艺复兴时期。这是达·芬奇、米开朗琪罗、拉斐尔的时代。哥伦布发现了美洲，达·伽马航海驶向印度，科尔特斯前往南美洲。人们的理解能力和思维能力进一步拓宽。这也是科学复兴的时代，哥白尼提出了地球围绕太阳转，而不是太阳围绕地球转的学说。这一时期还发明了印刷术。这是一个思想上取得巨大成就、文化上充满活力的时代。在新思想、新文化的影响下，人的思维更加活跃，更加开放。

二十一世纪是一个展示个人才华的复兴时代。人类历史上还从来没有像现在这样，人能够接触到这么多的思想、变化和选择。旧的方式很快被新的方式所取代，我们重新定义了自己的生活方式。对许多人来说，这样的前景令他们生畏，让他们感到难以承受，但事实绝非如此。我们的潜意识能成功地接受这个新的现实，并提醒我们，机遇的大门正向我们敞开。

创造力是拥有成功生活的必需技能。幸运的是，这种技能可以培养，因为这种技能是我们体内所固有的。创造意识一旦被唤醒，它的力量是巨大无比的。创造力就是坚持以革新、独特的方法去解决日常生活中遇到的困难的能力。它是打破常规、冲破习俗约束的能力。它就是灵感，永远隐藏在我们的体内，并随思想一起流出。

展示自我的个人复兴时代正在等着你。发现并使用你体内的创造意识，它将会使你的生活变成一次令人振奋的冒险经历。

第十五章
没有逆境，有的只是机会

谁能说明白什么是好运，什么是厄运？

——（佛教）禅宗

人人都有梦想，梦想有一天我们不再面临逆境，任何问题都能迎刃而解，生活完美无缺。然而，对人生来说，逆境是很重要、很有价值的。我们不必绞尽脑汁思考如何去减少逆境，相反，我们应努力去明白一个道理：逆境到底是什么？

万物都有因有果，不是偶然发生的。我们都是沧海一粟。在逆境中，大千世界不断给我们一定的启迪和提示。你在人生的某个阶段面临逆境，这绝不是偶然或巧合。逆境是人生的路标，等着我们去辨识。请时常问问你自己：经历逆境后，我是如何重新审视自己的？逆境对我的思想、信仰、行动、选择、生活方式又有什么样的启示？*逆境能让我悟出些什么*？请仔细分析，看看你能否找出真正的答案。当逆境挡住了你的去路，你总是为自己寻找借口，或总是感到孤助无援，你就失去了它所能带给你的人生的重要启示。

做一个真正的炼丹家

中世纪的炼丹家用尽毕生精力去研究妙方，研究如何把普通的金属变成金子。大量的时间和财富都用于此项追求，但一切都是徒劳。中世纪炼丹术失败的原因就是：炼丹者的方向是错误的。真正的炼丹家是学习把每天的境况都变成金子的人，是学习让每一种境况都能为他所用的人。问题和困难都可用来当做一个发展事业的起点，使我们具有更强的洞察力。此外，真正的炼丹者懂得一个道理：任何境况都不是逆境，只是机会。

任何境况都不是逆境，只是机会

一个人一旦有了这种信念，并努力去找寻各种境况所蕴含的机会，这种简单的态度上的变化所带来的人生体验是相当惊人的。

玛格丽特·凯莉女士曾听过我的“思想力”讲座，终于有一天她有机会在工作中去实践这一原理。她是一所大型看护院的院长，在两名助手的帮助下，她管理上千名患者的日常事务。如果一个助手生病没来上班，情况就有些混乱。假使两个助手都生病告假，她所面临的困境可想而知。她万分恐慌，不知道自己能否走出困境，直到她想起了我说的那句话：任何境况都不是逆境，只是机会。

玛格丽特后来意识到，以往她总是在助手的帮助下才得以完成工作。除了两名助手，她对其他一些工作人员一点儿都不了解。她对自己说：我应该利用这次机会去了解其他人。于是她用了一整天时间和那些平常很少接触的雇员一起工作，聊天，倾听他们的忧虑，了解他们的困难。这为她的管理工作提供了全新的更有效的方法。正如她自己所说：那天就是一个绝好的机会，它让我做到了很多以前做不到的事。

凯莉很好地利用这次困境，解决了棘手的问题。起初她认为自己“遇到了巨大的麻烦”，后来她坚信“任何境况都不是逆境，只是机会”。只是态度上的转变，就使她决定试着采用新的行动方案，结果是相当惊人的。

我第一次见到南希·史宾塞时，她正面临着人生最大的逆境。她遭到了与她同居多年的男友的遗弃。带着三个年幼的孩子，身无分文，也没有市场营销经验，根本看不到生活的前景。这似乎是绝望的深渊。后来她想起了我的那句话：任何事情都不是逆境，只是机会。可是机会到底在哪儿？她花了一个多星期的时间，终于找到了她一直在寻找的机会。

重新审视自己，她意识到自己一直习惯于依赖别人，先是依赖父母，后来依赖非法“丈夫”。她总是听别人的，因为她很不自信。现在，她深感绝望，在似乎无助的情况下，她对自己发誓，一定要改变现状，做一个自信、成功的女人，为自己，为孩子。这次危机可以说是人生的一个跳板，使她变成了一个坚强、自立的女人。

我很高兴能有这样的机会让南希明白我书中的道理。她是一个勤奋的学生，她一直注重自己的形象，坚定自己的信仰，为了自己的目标努力工作。我目睹了她的变化。从第一份不起眼的小工作做起，后来开了自己的店铺，经营花卉批发。我看到了她的成功。今天，她是一个快乐、成功、自信的女人，嫁给了一个热情、真诚的男子。他们一起分享人生快乐的时光——所有的这一切都源于南希的自信。她坚信任何事情都不是逆境，只是机会。

做一个生活的炼丹家，让每种境况都为你所用。牢记这一点，并反复重温，这对你的成长和发展至关重要。

能把自己意外遭遇的困境当成一次机会，从而成为一个成功者的最好例子，应属唐·司徒科。他是一个研究员。有一次，他把一些处理好的玻璃忘在了熔炉里，结果玻璃都变白了。司徒科并没有气馁，他创造性地利用了这次意外，用这种新的物质继续实验。结果发现，这种新的物质能耐高温。后来，他进一步完善实验，推出一种产品：康宁器皿。现在，这种器皿在北美的家庭中随处可见。

学会面对压力，去奋斗，去挑战，去寻找机遇。不要总盯着不利条件或困难。一起来看一下企业家凯西·克勒布的奋斗故事。她是一个天生患诵读困难症的人，分不清左右，不能顺利读出钟表的时间。“我的这个弱项是我最大的优势。”她说，“它使我成为一个很爱思考的人。”

有一天，凯西·克勒布痛下狠心，用自己积攒的500美元开了一家公司，教授培养天才儿童的方法。她编写了如何培养天才儿童的目录，并把它寄给了3500名教师。一开始，订单稀稀拉拉，即使后来订单渐渐多了起来，但最初的几年仍然非常艰难。尽管她经历了房子着火、雇员卷走了她的钱、与丈夫离婚，但她对自己的信念从未动摇过：任何境况都不是逆境，只是机会。如今，她一年能赚350万美元，她的这家公司在继续扩大。

美国总统富兰克林·罗斯福，下身瘫痪，出入坐轮椅都需要别人的帮助。然而，他却领导美国人成功度过了大萧条时期，成为美国历史上最受人尊敬、最受人缅怀的总统之一。

鲍勃·霍克曾是一个严重的酗酒者，后来成为劳工党领袖，最后连任四届澳大利亚总理。

威尔玛·鲁道夫出生在萧条时期的田纳西州，家境贫寒，而且还是个黑人，十岁时得了小儿麻痹症。生活对她来说似乎没有任何希望。但她却克服了重重困难，在1960年罗马奥运会上赢得了田径比赛的三块金牌。

30年后，另一位前途无量的奥运选手盖尔·德弗斯遭遇了人生的不幸。在备战1992年巴塞罗那奥运会时，她突然全身疼痛，摔倒在训练场上。似乎没人知道这是怎么回事。最终医生诊断她患有甲状腺肿瘤，必要时要锯掉双脚。不过，她很快战胜了病魔，在巴塞罗那奥运会上赢得了100米比赛冠军。八万五千名观众挤在赛场里为她欢呼。在1996年亚特兰大奥运会上，她又一次创造了举世瞩目的成绩。回首往昔的苦难经历，她说：我不能改变身患绝症的事实，或许这是一件好事，它使我有了今天的一切，使我变得更加坚强，更加完美。

一个很成功的投资公司创办者曾跟我聊起她聘任高级主管的秘诀。她说："我们不雇佣资深者，除非他们人生中至少经历过一次重大的挫折。我们发现，这样的人对工作认真负责，办事果断。挫折会使人变得更完美。"

现在，在你的生活中，什么样的机会正在等着你呢？你无法知道，除非你抓住了它们。机会很少会等在你的身边，向你挥动一面小旗。有时候，它们会把自己装扮成挫折和失败。对我们而言，机会无处不在。如果你愿意用我的原理去处理你所面临的困难，去探求解决困难的方法，你就会收到意想不到的效果。你的奋斗，你的压力实际上就是挑战和机会。正如阿诺德·施瓦辛格所说："我坚信，奋斗能给我带来一切。"

第十六章
靠自己治愈疾病

精神的力量是治愈疾病的良药。

——希波克拉底

（希腊医生，被称为医药之父）

精神力量是否对一个人的健康起着一定的作用？“患者大脑里的所思所想是他能否康复的关键。”医生卡尔·西蒙顿如是说。西蒙顿是加利福尼亚太平洋帕利塞兹地区西蒙顿癌症研究中心的医务主任，一位享有国际声望的内科医生。他兴致勃勃地谈起他用想象疗法治疗疾病所取得的成就。

“人们现在已经开始意识到精神和疾病之间是紧密相连的。疾病会让人精神萎靡，而现在我们知道，很可能反过来也是如此，即精神状况可能导致疾病。精神状态差会给人带来消极情绪，从而导致癌症的产生。反之，精神状态好则能给人带来积极情绪，最终促使患者康复。我们要讨论的是，人们对待疾病的态度，以及身体因此而发生的巨大变化；讨论他们是如何靠精神的力量自己治愈疾病的。”西蒙顿医生和他的同事们并不只是停留在口头上，因为他们的临床治愈率比癌症的平均治愈率高得多。他到全国各地讲学，教其他医生如何利用精神疗法医治患者。

在过去的二十多年中，十多万人听了我的讲座，我教会他们如何利用意念的力量，并且看到了难以置信的效果。他们从百万富翁到体育冠军无所不包，他们的成就给人留下了难以磨灭的印象。但对我来说，最重要的就是看到好几百人使用了我的这些方法后治愈了自己的疾病。我介绍一下马丁·布朗夫曼，他会把他的故事讲给你听：

“我34岁的时候，发现自己躺在一所医院里。医生告诉我，我的脊髓里长了一个肿瘤，而且是恶性肿瘤，并断言我只能活两个月到一年。一连几个星期，我完全绝望了，后来我决定尝试靠自己的力量战胜病魔。

“我一天两次，每次花15分钟的时间进行冥思。在我的脑海中，有一个可视的大屏幕，我在上面描绘出我的躯体和肿瘤。每次看到肿瘤，我就想象着它比上一次我看到的小了一点点。毕竟我整天想的都是这个肿瘤，所以我可以用我自己选择的方式去想象它。我仿佛看到了癌细胞正一点一点被我的身体自然免疫系统驱散。每次我去浴室洗澡时，我都会告诉自己，癌细胞正在被驱除出体外。每次我一听到体内发出的‘你不会康复了’的声音，我就想方设法驱除它。我一再使自己坚信，我的健康正在逐渐改善。在思考的时候，我一遍又一遍地告诫自己：每天在每个方面我都越来越好。直到我相信了这一点我才会停下来。

“除了这段时间的冥思，我还使用了其他方法，使自己有种病情好转的感觉。每次感觉身体有异样或者很疼痛的时候，我绝不会告诉自己这是肿瘤在恶化，我快死了。相反，我会告诫自己，这是某种能量在和肿瘤对抗，这种能量使肿瘤正在萎缩，变得越来越小，我的身体变得越来越好。我已经不再有以前的那种恐惧感了。

“每天我都会想出各种方法来提醒自己：我正在康复。我想象自己吃的食物就是能量，它使我变得越来越健康。我不断地回想所有爱我的人。我让自己坚信，这种爱就是我可以使用的能量，它能加速我康复。

“我不知道这些方法能否对我治愈疾病起作用。但我坚信，一旦我感觉好了一些，就说明这些方法肯定起了一定的作用。我的活动能力和体力每天都有所改善。

“我开始使用意念疗法大约两个月后，医生又给我做了一次检查。

“医生惊呆了。因为他在我的身体里没有发现任何肿瘤的迹象。对于这一切，他简直无法相信。他对此的反应和我潜意识里的想象一模一样。我驱车回家，一路兴高采烈，我要把这个惊人的好消息告诉我的妻子。”

这不是个案，使用类似方法康复的例子不胜枚举。

记得有一次我把这个故事讲给一些学生听，有一位女士站起来讲了这样一件事：

“还是一个小女孩的时候，我总爱对自己说：我是那种从来不得感冒的人。你猜，结果怎样？我真的从来就没得过感冒。”

她刚说完，一个五十多岁穿着得体的男士插嘴说：“这太有趣了，因为，我记得，我经常对自己说：‘我每年都会得一到两次感冒。’你猜结果怎样？每年我真的患一到两次感冒。”我们大笑，从这里我们可以学到一个重要的经验。

1981 年，美国总统罗纳德·里根遇刺，肺部遭到枪击，伤势相当严重，特别是对他这样一个七十多岁的老人而言。但是当我读到一个新闻记者对躺在病床上的总统的采访后，我就知道他肯定能好起来。总统说：“不要担心我，我是那种很快就会痊愈的人。”这就是一种能战胜伤病的信念。多么神奇啊！

你还记得他多长时间后就重返工作岗位了吗？仅仅几天时间。

现在让我问你一个问题，你对自己有什么看法？你是那种常说“流感来了，我肯定躲不过”的人吗？你期待得感冒、流感或其他疾病吗？还是你认为自己从来不得病？对即将发生的事情所持的看法会对事情发展的结果有巨大影响。

杰罗姆·弗兰克是一位研究安慰剂效果的权威人士。从他所讲述的实验中，你可以清楚地看到，信念到底会在多大程度上对你产生影响。在一次实验中，他给被测试的患者三种不同的物质：一种是药力温和的镇痛药，一种是既无害也无疗效的安慰剂，还有一种是大剂量的止疼药。

患者服了没有任何疗效的安慰剂后，被告知他们口服的是超强止痛剂，结果三分之二的患者都说他们的疼痛消失了。

服了大剂量止疼药的患者被告知他们口服的是药力温和的镇痛药，结果一半的患者说他们仍然感觉疼痛。

在上述实验中服了安慰剂的患者，后来被告知这种安慰剂会导致头疼，结果有四分之三的患者在服用安慰剂后声称自己出现了头疼症状。

患者的信念可能比药物更为重要。医疗权威机构已经承认了宽心丸的疗效作用，但这个实验还可以继续下去，而且还会有更有趣的结果。在不知情的情况下，当医生把宽心丸当做止痛剂发给患者时，它对患者的疗效就会提升。反过来，当医生告诉患者止痛剂只不过是宽心丸时，它对患者的疗效就会减退。很明显，医生的信念影响患者的信念。但是怎么可能呢？医生的想法怎么可能影响患者呢？是患者自己想到的吗？或者是医生通过潜意识向患者传达了他希望药物如何发生效用？果真如此，朋友或亲人生病时，我们一定要记得这一点。

我们的态度可能成为医治我们自己、医治他人的宝贵资源。

身体是一台能治病的机器

你的身体就是一台神奇的能自我治病的机器，无论发生什么事，它都会很好地承担起责任来。当你身体上出现了伤口，白血球会立刻冲到伤口位置和病菌作战，而血小板将血液凝结并使伤口愈合。所有这一切都是自动发生的，你不需要做任何事。你的身体已经很清楚，应该怎样来修补它自己。

当你吃饭时，你的身体从食物中吸收营养，然后把这些营养以能量的形式输送给身体的其他部分，再把剩余的部分作为废物排出体外，这一切都是自动发生的。你不必去思索，也不必去查看。摔断胳膊后去找医生，医生就会治好你的胳膊，对吗？不对。没有一个医生能治愈骨折的胳膊。医生能做的就是把骨头接上，并确保它们是直的。他只能将胳膊固定在石膏里，只有你的身体才治愈你的骨折。

时刻提醒自己，你的身体会自我康复，自我治愈。鼓励自己拥有“我健康，我强壮”的信念，并把这种信念植入你的潜意识。让自己坚信：“我的身体就是台能治愈疾病的机器。”

两分钟健康疗法

每天花几分钟时间，让自己沐浴在“我健康，我强壮”的想法中，然后把这些想法输送到你的血液、你的身体组织、你的细胞中。设想一下，能量流遍你的全身。体验一下，你的身体就是神奇的治愈疾病的机器。这个练习就是一个增强活力的健康疗法，一套做下来，每天只花你两分钟的时间。

你的态度会使事情变得不一样

你最初发现得病时，当时的反应是恐慌。由于害怕，你的意识一片混乱。疾病越重，你越害怕。问题就出在我们通常是把疾病看成是外敌入侵或者是一件事情，而不是一个有始有终的过程。华莱士·埃勒布洛克以前是外科医生，后来当了精神病医师，他感慨道："我们医生都有一个嗜好，喜欢用名词来称呼疾病（如癫痫、麻疹、癌症、肿瘤）。我们之所以使用名词，很明显，就是因为疾病对我们来说，只不过是一个要解决的事情。假如你随便挑一个名词，比如麻疹，然后把它变成动词，这可能就变成'约翰先生，你的小儿子好像正在出麻疹'或'贝克太太，你好像正在生肿瘤'，这样说很容易让你和她接受这样一个概念——生病只是一个过程，它现在来了，终究肯定会离开。"可以肯定地说，埃勒布洛克对待疾病的看法是更加准确的。

肯尼斯·佩尔蒂埃是斯坦福大学医学院的医生，他指出，身体分辨不出"真正的治疗"和"感觉上的治疗"。焦虑和烦恼等消极情绪会导致疾病，因为身体会因此感觉到自己处于危险状况，即使这样的担心焦虑是无中生有。换句话说，害怕疾病的人更容易染上疾病，因为身体受到了惊吓。

研究人意识的科学家很久以前就开始注意这种现象了。比如波士顿市的一个研究项目发现，因婴儿猝死综合征而失去宝宝的妇女如果很快再次怀孕，其流产的可能性占百分之六十。报告说，这样痛失孩子的女人应该等待身体从痛苦中复原后再怀孕。我们听说过很多这样的事，有的夫妻经过很多年努力都怀不上孩子，最终放弃了努力而收养了一个小孩。就在收养小孩几个月后，女方怀孕了。这就是因为她一下子没有了要孩子的压力。

快乐也能治愈疾病

忧郁的人比快乐、易相处的人更容易染上疾病，这已经不是什么秘密了。研究表明，贪婪、焦躁、担心、恐惧等情绪很容易破坏免疫系统的功能。几家大医院建立了“幽默治疗室”，里面摆满了各种内容诙谐可笑的书籍、磁带、光碟，患者可以自由享用。

最近，医学上进行了一次有关幽默和健康的调查，结果发现，笑声能使两种类型的荷尔蒙从大脑中释放出来：脑啡肽和内啡肽。这两种荷尔蒙能减轻疼痛，缓解紧张和忧郁的情绪。“来自民间和专业领域的报告都表明，幽默和笑声能治愈人类的疾病，至少可以起辅助作用。”安大略省汉密尔顿市的临床医学家雪莉·劳特立夫如是说。今天，甚至传统的医疗专业人员也在使用这些研究成果。

人与人是不同的

卡尔·门宁杰基金会的帕特里夏·诺里斯博士教患者使用意念力与疾病作斗争。他讲了一个九岁小男孩使用“星球大战”可视疗法治愈恶性肿瘤的故事。

“盖瑞特·伯特的病情已经到了无法救治的地步，估计最多能活六个月。他患的是恶性肿瘤，化疗已经不管用了。因为肿瘤的位置特殊，无法进行手术。如果倒下，他可能就再也起不来了。

“他利用意念，想象自己的免疫系统功能特别强大。这是星球大战似的视觉疗法。他把自己的大脑想象成太阳系，他的肿瘤是入侵太阳系的一个恶棍。他把自己想象成宇宙战士的首领，正在和肿瘤作战，最后他们获胜了。

“伯特每天晚上花二十分钟的时间进行这样的想象。起初他的身体状况继续恶化，后来开始渐渐好转。五个月后做了一次脑部CT扫描，结果肿瘤不见了。

“形象的视觉疗法是化疗失败后唯一使用过的治疗手段。”

人与人是不一样的，对伯特起作用的方法不一定适合每个人。有时我们需要一个适用于每个人的方法。

大卫·布雷斯勒是洛杉矶疼痛控制中心的主任，他介绍了一种方法，他曾用这种方法帮助过一个患者。“这个病人当时疼痛难忍。我们几乎尝试了我们能想出的所有方法，都不管用。最后，我决定对他使用想象疗法。”大卫·布雷斯勒让患者以自认为舒服的姿势坐在椅子上，然后让他尽可能具体地描述一下他的疼痛。患者很快就说，他仿佛看到了一条体型庞大的恶狗，正在扑咬他的后背。医生要求他想象着与这条狗交朋友，和它聊天。当患者照做的时候，他发现自己的疼痛渐渐减弱。坚持一段时期后，疼痛不见了。像其他许多人一样，当他停止了与疾病作斗争的时候，却恢复了健康。

运动员凯文·奥尼尔也是通过意念的力量挽救了自己的职业生涯。在一次重要的铁人三项比赛前，由于事故，他的一只手粉碎性骨折，自信心也因此动摇了。但是他好像看到体内有某种东西，把他的断骨接上了。正是因为他自己的这个想象，他的骨头就像他期待的那样，两次治疗就痊愈了。他又能参加比赛了。

这样的故事不断上演。

加拿大温哥华的保罗·雷尼医生对此做了很好的总结，他说：“意念是一种尚未完全被我们开发的资源，我们还需要进一步挖掘，这就是我们应该调查研究的方向。诺贝尔奖得主乔舒亚·莱德伯格把这项调查称为‘当今医学上最重要的一步’。”

我们的健康由我们自己负责，我们应该以积极的态度对待自己的健康，对待疾病的治疗。如果生病了，我们不应该向疾病低头，相反我们应该承担起责任，积极配合治疗。如果我们真的能如上所述的那样去做，正如艾伯特·史怀哲博士所说：“真正的医生就是我们自己。”

第十七章 培养财富意识

世界充满着财富，如果你不知道如何获得它，你将永远不会拥有财富。

——卡利尔·纪伯伦

渴望经济独立的人，首先必须培养一种“财富意识”。注意我之所以使用“培养”二字，是因为财富意识不是偶然产生的。没有一个人与生俱来就有这种意识，你也一样。这是一种思想的转换，它让人激动地期待、相信，并且看到财富和机遇无处不在。

与财富意识相对的就是“贫穷意识”，这一点大多数人都知道。有这种意识的人会期望并确信财富是有限和不足的，他们随时随地都会注意到这一点，就像在路上看到的路标一样，“贫穷意识”只会把他们引向贫穷和艰难的境地。具有“贫穷意识”的人永远也不会在经济上获得成功，这是不言而喻的。你不可能在通向贫穷和富裕的两条道路上同时前进，因为它们完全是背道而驰的。两条路界限分明，没有什么神秘可言——

你的选择将最终决定你的人生会是什么样。

你拥有的是财富意识还是贫穷意识？如果你发现自己拥有的是贫穷意识，你的任务是显而易见的。你应该摆脱这种思想上的困惑和束缚，培养必要的财富意识。

你可以遵循下面的五个步骤树立财富意识。

第一步：培养财富信念

这里有四个主要的财富信念。

财富信念1：

世界是富有的。

具有财富意识的人认为世界是富足的，它为每个人都准备了充足的财富，等待我们去发现。看看我们的大自然——资源丰富，取之不尽，用之不竭。试着数一下天上有多少颗星星：你数不清楚它们的数量，无人能数清，也永远不可能数清——它们数以亿计。看看野外的花朵，它们在你面前蔓延，无边无际。你所看到的一切都郁郁葱葱，生机盎然。同样，在当今的市场中，只要你用心去寻找，机会也无所不在，贫穷只存在于你自己的意识当中。

具有贫穷意识的人会说，“生活没有给我们提供足够的财富。如果我拥有的太多，别人就没有”，或者“如果我升迁了，别人就会失去机会”。

具有贫穷意识的人认为：“每个人都在与别人进行竞争以获取相同的东西”。他们还认为，“这里没有机会”或者“这里没有财富”，并且“一切都是如此昂贵”。仔细审视一下，看看你是否拥有这些想法，因为这确切地表明贫穷意识已慢慢地侵入你的大脑。

财富信念 2：

生活是充满乐趣而有意义的。

具有贫穷意识的人认为生活是艰难的，充满了各种困惑和烦恼。他们认为必须辛苦工作才能获得一切。

我遇到过很多人，他们都认为，“你必须辛苦工作来获取一切”。他们也总是努力工作以求获取一切。然而，如果我们换一种信念，那又会怎样呢？还记得我前面谈到过的关于信念的影响吗？你的意识总是会给你充足的证据来支持你所选择的信念。许多人认为生活是艰辛而困难的，那么对他们来说，生活就总是会这样。具有贫穷意识的人总爱关注问题和困难，所以就经常感到失望和沮丧。

具有财富意识的人把生活看做是一次奇异的旅程，他们期待着收获。他们寻找生活的乐趣，并总是能找到。当他们遇到问题和困难的时候，会把它们当做一次挑战，从中寻找蕴藏的机遇并加以利用。具有财富意识的人懂得品味人生。他们知道，每一个新的挑战都会带来更大的收益、更新的奇遇和更多的乐趣。生活是丰富多彩而有意义的，处处都有新的体验和更大的成功。

财富信念 3：

在我们生活的每一个方面都蕴藏着巨大的机遇。

具有贫穷意识的人认为，身边没有机会，你所能期待的最好的事情已然发生。这种想法会欺骗你，让你认为你做什么已无关紧要，所有的好想法都已被采纳，或者说现在不是实施新想法的恰当时机。这种贫穷意识会让人看不到希望。拥有这种意识的人不会为成功作出任何尝试。

具有财富意识的人认为，生活的每一个方面都有巨大而惊人的机遇！不是一个、两个、五个或者十个，而是大得惊人的数目。“它们在哪儿?”你会问。啊，到处都有！睁开你的双眼，用财富意识打开你的心灵，你会很快看到它们的。

我以一个故事为例来阐述这个观点。许多年前，在一个复活节的早晨，我早早起床，为我生命中一位特殊的女士藏起了十份小礼品。当她起来的时候，我告诉她我为她藏了一些小礼品。她一下子从床上跳起来，开始兴奋地四处寻找。半个小时后，她找到了三件礼物，她非常开心地坐下来，以为所有的礼物都找到了。“不止这些。”我说，她听到后立刻站起来又开始寻找。她又找到了两件。这时她认为不可能再有更多的礼物了，于是她就放弃了寻找。吃过午饭，我漫不经心地说道：“哦，顺便告诉你，我藏了十件礼物。”

“十件?”她吃惊地喊了起来，又开始到处寻找。这一次，她仔细地查看了上次找过的地方，又认真地寻找了一遍。最后她终于找全了十件礼物。但是，如果我没有告诉她有十件礼物，她会找到三件就停下来，并完全相信她已经找全了所有礼物。同样，如果你认为机会是有限的，那么，即使有机会，你也可能只发现一两次。你会想：为什么要这么努力地去寻找本不存在的机会呢?

但是，如果你相信生活的各个方面都存在无数的良机，那么你就会积极主动地去寻找它们。想想这一切吧！

拥有健康的大好时机。

建立新关系的大好时机。

提升自己的大好时机。

让家人更亲密的大好时机。

让生活充满乐趣的大好时机。

创造财富的大好时机。

让我们看看如何创造财富。

我喜欢市场化的经济体制。这种体制使那些有想象力和创造力的人从中受益。如果一个人思想正确，心态端正，他就一定能创造巨大的财富。市场是个令人兴奋的场所，充满活力，不断变化，无数的机遇等待人们去尝试。每天市场交易额达数十亿美元。金钱以持续的运动方式向各个方向流动。因此，我们为什么不加入到这个体制中，为它做一份贡献，来获取自己的一份财富呢？

在美国，每年有七十万家新公司开业。其中任何一家都代表着新的机遇，因为每个公司都需要打印业务、财务、法律事务、广告业务，员工、维修工作、招牌和办公设备都必不可少。机会，机会无处不在。

在1940年，美国有一万个百万富翁。到1980年人口增加了一倍，而百万富翁的数量迅速增加到五十万。到1997年，这个数目上升到两百多万。即使考虑到通货膨胀，这也是一个惊人的增长速度。机会，机会无处不在。

在人类文明的历史上，我们的社会从来没有像今天这样发生这么迅速的变化。事物始终在不断变化，这个星期还是崭新而有创意的事物，六个月后就已经过时了。这个快速变化的社会意味着每一刻都会有新的机遇产生。每一天都会产生无数个昨天还没有的新机遇。机会，机会无处不在。

微软的创始人之一、亿万富翁比尔·盖茨与我们分享了他的感受："我认为我们生活在一个奇妙的时代，从来没有如此多的机遇让我们去做以前不可能做的事。这是我们开办新公司和商业投资的最佳时期。"

你的机遇在哪里？赶快采取行动找到它们！它们就在你身边！

财富信念4：

我有责任取得成功。

具有贫穷意识的人相信，拥有大量金钱是错误的。他们认为，人只应该拥有满足基本需求的金钱，超出了这个数量会剥夺他人的财富。有贫穷意识的人认为，成功者是自私的、贪婪的，他们忽视家庭，拥有不该有的特权。

具有财富意识的人认为，拥有大量财富是一件好事，每一个人都有责任取得成功。他们相信这一点是因为他们懂得只有创造了更多的财富，他们才会有能力帮助别人，尤其是在经济上帮助别人。只有这样才是有意义的：一个慈善家如果没有获取足够的金钱，他又如何捐赠给慈善机构十美元或一万美元呢？金钱能在许多方面帮助周围的人，使他们受益。享受你的财富，也帮助其他人创造财富。当你富足的时候，你可以把钱捐赠给慈善机构，帮助周围的朋友，给那些不幸的人，创造一股巨大的财富力量，然后指引它朝你希望的方向前进。你有责任取得成功，拥有大量财富，并帮助所有你能帮助的人，使他们的生活也更加富足。

培养财富意识的第一步就是要把以下四个财富信念铭刻在你的潜意识里。

1. 世界是富有的。
2. 生活是充满乐趣而有意义的。
3. 在我们生活的每一个方面都蕴藏着巨大的机遇。
4. 我有责任取得成功。

第二步：现在就寻找并认可你的财富

此刻财富就在你周围，你所要做的就是睁开双眼寻找它。不要等待财富来到你身边才感到富有。现在就感觉富有吧！你有很多朋友吗？你有健康的身体吗？你有丰富的思想吗？你有充足的衣服和时间吗？寻找你生活中一切能让你感到富足的领域吧。

我如何进行财富规划并成为一个富有的人

让我告诉你最初我是如何进行财富规划的。我曾经住在森林深处的一个小木屋里，那里没有电和自来水。我没有钱，但我明白创造财富的理论，并开始重新调整我的计划。

当我砍下木柴烧火时，我会为周围的一切是如此充足而表示感谢。当我堆起木柴时，我会说："不是一块、两块、十块，而是充足的木柴能让我取暖。"当我吃饭时，我会为我拥有的充足的饭菜而庆幸，真应感谢上天所赐予的一切。如果我面前有一碗葡萄，我会一个个地数一数：不是一个、两个，而是许多个。在森林里漫步，我看到处处生机盎然。地上开满了无数的野花，树木茂盛，到处都能看到小鸟和野生动物。大自然真是美极了。即使我没有钱，我也会专注于自然界的富有与充足。我知道，只要我这样专注地去思考，财富便很快会随之而来。

当我第一次进行公开演讲的时候，因为我没有太多钱，只能住在一个三星级宾馆里。我感到非常尴尬，并确信没有人看见我在此进出。我经常在下午进入一家五星级宾馆的大厅，那里的一切给了我巨大的力量和活力。很快我赚到了足够多的钱，可以住在五星级宾馆了。我感谢上天所赐予我的财富。

一天，我走在宾馆的走廊里，不经意地发现一间正在被打扫的房间里没有床。我说服清扫女工让我进去看看：这里有两个房间——一间大的起居室和一间独立的卧室。这是我第一次知道还有套房这样一种客房。那一天，我就开始想象我住在套房里的情景。终于有一天，我住了一个晚上。我还不能长期负担住宿费，但是我喜欢那种富有的感觉，哪怕只住一个晚上。我在套房里走来走去，感觉非常富有。我坐在豪华舒服的沙发上，把腿搭在茶几上。这是真实的，我住在套房里了，即使只有一个晚上。我感谢上天赐予我的财富。渐渐地，我开始更多地租用套房了。起初，我赚的钱较少，后来，我越赚越多，直到大量的金钱涌入我的腰包。

拿破仑·希尔是许多成功人士的财富导师，他曾说过：“当巨大的财富降临的时候，它的数量如此之大，你会感到很惊讶。它在那些贫困的日子里都藏在哪里?”对我来说情况就是如此，我仍然清楚地记得那一天我真正地意识到了财富的降临。

那一天，我为我开设的“思想力”教学培训班举办了五周年庆祝晚会。我当时进行环球之旅途经澳大利亚悉尼，我住在希尔顿大酒店的总统套房里。这是一间豪华的套房——如大厅般宽敞的起居室，整个套房有巨大的玻璃落地窗，向下俯看，整个悉尼尽收眼底：歌剧院、港口、闪烁的霓红灯，一幅壮观绚丽的景象。

我正在招待客人，这时我不禁感慨：“和过去相比，我现在是多么富有啊!”我请求离开一会儿，然后穿过卧室，来到一个面朝大海的幽静阳台。仅仅五年的时间，我从一个没有水电的小屋走出来，在世界上最好的一处宾馆的总统套房款待我的客人。不仅如此，我还在这里住了整整一个月——钱已经不只是一个目标了。我回想起第一次我是如何在头脑中规划我的财富目标的，现在它已经结出了丰硕的果实。我感谢世界向我揭示了成功的秘密。我默默地许诺，我要把这些成功的奥秘传授给他人。然后，我又回到了客人们中间。

现在就开始为你的财富做规划吧。我是在极度贫穷的时候就开始做我的财富规划的，可以说，我们在任何时候都可以为自己进行财富规划。

第三步：认可别人的成功并随时发现成功

培训自己，让自己随时都能发现成功。

你目之所及，到处都是财富。

来到你所在的城市中心，看看周围高大的办公楼。想想成功就蕴藏在其中。我们可以肯定地说，设计这座大楼的建筑师一定赚取了大量的金钱，这座大楼的建筑承包商也赚取了小部分利润，而这座大楼的主人一定是一位富有而成功的人，租用这些豪华办公室的人也一定是一些成功人士。再想象一下那些租用最高级的顶层套房的人会是多么富有、多么有权力啊！仅仅这一座大楼就象征着如此多的成功，你可以数数你们的城市里有多少这样的大楼，那么成功的数量就会成倍增长。这只是开始，只要我们睁开双眼，就会发现财富就在我们周围。

不要嫉妒别人的财富，承认并欣赏它，因为它可以证明财富是可以创造的。然后自信地提醒自己，你也能取得成功，并随时寻找成功的机遇。具有贫穷意识的人会憎恨成功并试图羞辱那些取得成功的人，要提防自己有这种想法，把它们当做致命的毒药来加以防备。因为它们确实会成为一种精神毒药，妨碍你获得个人财富。每一次看到成功的时候，不管是你的还是别人的，都要认可它，并感到幸福和快乐。睁开双眼，你会注意到，成功无处不在，它就在你的周围，你随时都会发现机遇。如果你能够调整你的思想去追求财富，那你也会拥有它。

第四步：阅读励志图书，聆听自助磁带，加入成功社团和组织

你所做的一切都会对你有所影响。你现在读的这本书就包含了许多改变生活的原理和技巧。如果你运用它们，你的生活将发生巨大的变化。如果你有机会加入我的“思想力”课程，我会鼓励你这样去做，不过你还有其他的途径——阅读一些自助类书籍，加入成功社团，阅读文献，采纳有益的意见——任何能激发你成功的方法都可以使用。

第五步：与真实和想象中的所有成功人士交往

如果你想成为一名电影制片人或导演，那就结交一些电影制片人或导演。

如果你想成为一名艺术家，就结交一些艺术家。

如果你想成为一名成功人士，就结交一些成功人士。

和他们在一起时，你就会感染到成功的力量。成功人士会拥有成功的想法，作出成功的决定，制订成功的计划，成功地完成项目。和他们在一起，你就会吸收他们的能量并加以应用。

成功是你的责任

你必须深刻意识到，只有成功，你才会产生幸福感。而且，只有你自己成功了，你才能帮助其他人创造属于他们的成功。你的成功不会减少其他人成功的机会，相反，它会为其他人创造更多的成功机会。你在经济上越富有，你为周围的人提供的机会就越多。你拥有的金钱越多，你就会更多地消费在商品和服务上，这样就为其他人带来了更多的利润和收益，这些人又可以把钱消费在商品和服务上，如此循环。

当成功者帮助他人时，他就是别人的一个榜样，他的成功会感染每一个人。你有责任成为成功的人，因为你自己，你的孩子，你的朋友，你周围的每个与你接触的人都会从中受益。

你的成功会帮助许多人
没有谁能从你的失败中受益

当你没有获得成功却满足于现状时，就想想上面这段话吧！你要意识到成功不只是个人的抱负，它是你的职责。不要太自私，去追求成功吧，世界需要你！

第十八章 建立完善的人际关系

行动之前就要抱有一个信念：我的行为会改变现状。

——威廉·詹姆斯

人际关系如同空气，对我们来说相当重要。我们大家都需要朋友、恋人、伴侣，都需要有人能和自己分享快乐、痛苦、恐惧和成功。这些交往触及我们的心灵深处并向其提供养分。尽管我们大家都需要友谊，需要爱情，希望自己有一种归属感，但是我们还是经常会和别人保持一定的距离，不愿迈出一步，进行更有意义的接触。

我们需要新的方法和更大的热情去探索人际交往的种种可能性。假如我们愿意和别人交朋友的话，我们就会有很大的提升空间。因为在交朋友的过程中，我们能相互支持，同时，我们也能加强自身的力量。如果我们感觉朋友之间能够使对方的生活更加丰富多彩，更加富于激情，这就说明我们正在朝有意义的人际关系前进了一大步。我们会发现，当我们敞开心胸的时候，别人就会作出回应，会接受我们。我们不会感到脆弱，而会有一种前所未有的体会，感到获得了自由，整个人就像被唤醒一样，充满生机与活力。当这一切发生时，我们的每一次人际交往都会变得很有意义，都会对丰富我们的人生起重要的作用。如果真是这样，我们还祈求什么？

一个人就如同一颗星星

每个人都有自己的特点，都有与众不同的地方，都值得我们去尊敬。一个人就如同一颗星星。无论是你的丈夫、妻子，还是你的父母，他们都是特别的、唯一的、值得尊敬的。无论是你的朋友、你的老板、为你服务的招待、出租车司机，还是一个即将死去的老人、一个邻家男孩儿，他们也各具特点，也都有与众不同的地方，也值得我们去尊敬。

无论他们是谁，无论他们的地位如何，如果我们能意识到他们都有与众不同的地方，我们就能够改变对他们的态度。

学会看到别人身上连他们自己都看不到的东西。每个人都有自己的闪光点，你要教会别人不仅看到自己的缺点，还要学会看到自己的潜力、较强的领悟力、内在的美丽以及他们的能力等等。

几年前我在旧金山讲学时，我第一次发现把人看做是一颗星星所表现出的强大力量。当时，我打算跟一个熟人及他的家人去旅行，但是找不到看孩子的保姆，只好雇了一名妇女。她是我所见到的最不适合当保姆的人选。她总是抱怨，无论是什么东西、什么事，她都不满意。她一到，我们就设法立刻离开，以免和她长时间呆在一起。我发现我自己对她的评价都是否定的，于是决定在思想上作一些改变。我意识到，如果深入了解，或许一个人比我们表面上看到的还要有深度、有思想。我开始努力勾画她在我心中的形象，直到有一天，我竟然十分可笑地把她想成“一缕阳光”。

下一次她再来的时候，我没有立刻冲出家门，而是把她拉到一边，对她说：“你知道吗？你每次一走进房间，就像进来了一缕阳光。”她吃惊地看着我。我继续说道：“我们真的很欣赏你，也很高兴有像你这样的人做我们孩子的保姆。”她没有做声。当天晚上我们回到家后，我又开始称赞她为“一缕阳光”。

再下一次，她一进来，我就跟她打招呼：“哟，一缕阳光来了。”我的确是这个意思，因为实际上她的确是一个漂亮的好女人。

她对我笑了笑，这是我第一次看到她笑。当房间就剩下我和她时，她对我说：“你知道吗？以前从来没有人对我说过如此动听的话。从来没有。”我惊讶地呆在那里。我想象不出，怎么会没有一个人对她如此说话。我怀疑她的童年或是她的生活中是否遭遇过什么不幸，或者可能她的生活太艰辛。我很高兴改变了自己对她的看法，并为自己以前那样对她感到内疚。

我继续正面给予她肯定和支持，效果是惊人的。她停止了抱怨，变得开朗起来。更令人惊讶的是，几个星期的工夫，她脸上的那些皱纹也不见了，看起来好像年轻了二十多岁。每个人都发现了这一点，她真的变成了“一缕阳光”。这件小事从此改变了我对人的态度。

当你意识到一个人值得尊重时，你会发现他越来越值得你去尊重。你应该让一个人看到他自身上的闪光点，可能有时他自己根本看不到，也看不到自己有什么与众不同的地方，甚至有可能认为自己毫无价值。给他当一面镜子吧！告诉他们你看到了他们的潜力。记住，你一定要用你的行动、话语、思想和感情去告诉他们。每个人都有与众不同的地方，你的支持会使他人的生活发生转折性的变化。不要让一个人的外表蒙蔽双眼，这样你就看不到他们的才华。只有信任一个人，你才能把他潜在的才能挖掘出来。

如果你用这种态度对待别人，你就能和你遇到的人建立良好的关系。哪怕是偶然的交流也会使双方受益匪浅。记住，我们完全有能力帮助他人、爱他人并与他人分享。我们所需要的就是要有这样做的愿望。

人际关系需要精心打理

我们人类是比较敏感的动物。如果你对此有怀疑的话，那你最好看看你自己。你会发现自己很容易受到伤害，很容易被人冒犯。自己受伤后，我们往往去伤害别人。我是仔细研究自己之后发现了这一点。每一次我故意伤害别人都是因为我内心深处正遭受痛苦的煎熬。

下一次有人做出一些让你不快的事情时，请你牢记这个道理。他们心里一定是有什么痛苦的事，因此，你要对他们满怀爱意和同情。他们内心有苦楚，肯定高兴不起来。我们不知道他们到底承受着什么样的恐惧与伤痛，也不知道他们因何失望、因何忧心忡忡，更不知道他们遇到了什么困难。古人云："除非站在他的角度体验一下，否则不要轻易地评价一个人。"

有一个正在听我的"思想力"这门课的女士打算辞掉自己的工作，理由很简单，她的一个同事十分令人讨厌。她很不喜欢这个同事；事实上，她们甚至已经到了互不搭理的程度。事情就这样几乎持续了一年，我的学生决定改变一下自己的想法。

她意识到或许她的同事可能内心遭受了什么伤害，所以总是闷闷不乐，于是这个学生对她的同事开始有了些善意的想法，不再怨恨对方。每当她的同事不高兴时，她就静静地爱怜地看着她的同事。对方没有反应，于是她有点不安。然后她又开始积极地鼓励她的同事，并时刻提醒自己，她的同事本质上是一个与众不同的女人，值得尊重。她甚至花了一个晚上的时间，把她的同事想象成一个快乐、温情、充满爱心的女人。她在内心深处坚信这个女人一定是这样的，所以她一直想象着她俩是朋友。最后，有一天她竟然走到了这个女人身边，向她道歉："同事这么长时间，我居然没跟你打过招呼，现在我很想跟你成为朋友。"这个女人受宠若惊，尽管当时没有说话，但几天里她的情绪变化很大。现在她俩已经成了朋友，她们的工作氛围十分融洽。

这样的事随时都在发生。我已经记不清多少次人们告诉我类似的故事：仅仅改变了自己对他人的看法和态度，就能够和他人建立起良好的关系。

你改变了对别人的看法和态度，别人也会改变对你的看法和态度

正是因为人类是如此敏感，所以我们很容易接受对某人先入为主的看法。如果你和你的爱人、朋友、生意合作伙伴、工作中的同事或父母的关系不像你想象的那样，你最好看看自己潜意识里对这些人已形成了什么看法。你可能是更多地关注了他们身上那些你不喜欢的品质。

人际关系和其他事情一样，只要我们想，我们就一定能做到，一切都会像我们想象的那样发生。如果你愿意试一试，你会发现人际关系会出现多种可能性。想象力会帮助你建立新的思想模式，使你变成一个处理人际关系的高手。尽情地发挥你的想象力吧！记住，不要期望即刻得到回报。

如何吸引你渴望吸引的人

如何吸引你心仪已久的异性

第一步：在心中勾画你喜欢的那类异性。问问自己，你希望他身上具备什么品质？你希望他长得如何？想象着你和他呆在一起，一起经历着快乐温馨的时刻，卿卿我我，情意缠绵，感受着欢乐，憧憬着未来。在你内心深处勾画一个你理想的伴侣，不用想象他的脸长得什么样，就是说不用把他想得太具体，就让大千世界按照你的想象给你物色一个符合你要求的异性。

第二步：集中精力想象你能给这个人什么。你有很多东西给他。尽量把自己想象得特别好，想象着你给他的一切，并与他一起分享。

第三步：请你看不见的潜意识来帮助你。让潜意识想出一些办法帮助你遇到这个特殊的人。重读介绍直觉的那一章，按照你的潜意识给你提供的建议和办法去做。

第四步：想象一下吧，这儿有好几千人愿意和你一起分享你能给予他们的一切。你的想象力，你坚定的信念，还有你的直觉都会使你结交到心仪的异性。一定要让自己记住，这个人也一直在寻找像你这样的人。

如何吸引你的生意伙伴

第一步：在你的脑海中勾画那一类型的人，你特别想和他们一起工作。你希望他们有什么关系、什么技能、什么信息或知识？如果你需要一个会说日语的潜水员，那么你就在大脑中设想一下。如果你想得到一份自由撰稿人的工作，那你就想象有一个编辑，他对你的工作很感兴趣。想象着你和他一起工作的情形，你们的关系和谐而牢固，并接受彼此提出的建议。

第二步：集中精力想象你能给这个人什么，你能向他展示什么才能或专业知识？不仅是你需要他们，他们也需要你，需要你提供的一切。

第三步：请求你看不见的潜意识来帮助你。让潜意识想出一些办法帮助你遇到这个特殊的人。重读介绍直觉的那一章，按照你的潜意识给你提供的建议和办法去做。

第四步：想象一下吧，这儿有好多生意上的机会，有好几千人愿意和你一起分享你能给予他们的一切。你的想象力，你坚定的信念，还有你的直觉都会使你接触到这些人。

你是否也想吸引更多的客户或顾客？做上面的练习，想象一下你最喜欢的那一类型的客户，并想想你应该给他们些什么。不管哪种情况，你都应该坚信："我有能力吸引那些优秀的人，也能抓住那些天赐良机。"

学会激励别人

只要付出小小的努力我们就能激励别人。激励别人的同时，我们自己也会变得很坚强。激励别人是接近他们的捷径。

有一次，在纽约机场等飞机时，广播通知我所乘坐的那个航班取消了，乘客需要到七号柜台去办理相关手续。

当我到达七号柜台时，那里已经排起了长队。等候的时候，我发现几乎每个人都对办理票务的人员发了一通火。人们很焦急，抱怨着他们不能如期会见自己想见的人，不停地问那个工作人员："我们怎么办？我们怎么办？"那个办理票务的姑娘看起来疲惫不堪，她不停解释情况，面对乘客的抱怨，她的肩膀越缩越低。轮到我时，我决定给这个姑娘打打气。"我感谢你为我所做的一切。”我真诚地说道，“这的确很难，我觉得你已经尽了最大的努力，因为我注意到你对大家很有耐心。航班取消了，这不是你的错。”她舒了一口气，总算有人能理解她。我继续说：“我只想对你说声谢谢，谢谢你为我们所做的这一切，你应该为自己感到骄傲。”

“谢谢，”她说，“我真的需要你这样的鼓励。”

她示意我手续已经办完，我走开了。当她接待下一个乘客时，我偶尔回头望了她一眼。只见她又站直了腰板，神情镇定而自信。我给了她一些她需要的力量。表达感激之情对于我来说是再简单、再容易不过的事，然而对于她所起的作用却大不一样。

仅仅靠语言你就能帮助别人鼓足勇气吗？当然能。如果你愿意，你可以给你遇到的每一个人打气。用餐后你可以给服务员鼓劲，你也可以给送货人、出租车司机、邮递员、你的朋友、你的孩子鼓劲。你要做的就是给与他们积极的力量。

“真心感谢你给我们提供这么好的服务。你使我们的用餐充满快乐，我们非常满意。你是一个好的服务员。”

“你是我最喜欢的出纳员。你接待我，我真是高兴无比。今天过得怎么样?”

“非常感谢你!”

“你穿这件外套真是太迷人了。”

哪怕是一句简单的“祝你拥有快乐的一天”，只要你说得真诚，热情洋溢，流露出真心与之交往的愿望，你就能让任何人受到鼓舞。

有时你无需言语，仅仅靠传递出来的祝愿就能鼓励一个人。我的一个朋友就喜欢沿着街头散步，默默地把美好的祝愿传达给遇见的每一个人。

我认识一个非常成功的商人，遇到任何人，他都会默默地对后者加以肯定，并祝愿他们生活快乐，事业有成。

美好的祝愿和发自内心的赞美能使人感觉轻松愉快，能激励每一个人。对一个人的认可能让他充满自信和勇气。让一个人意识到自己的与众不同，意识到别人需要他、这个社会需要他，他就能受到激励和鼓舞。一点点的努力就能起到激励人的作用，而且这个作用能持续好多天，有时甚至是一生。

学会激励自己

有时我们忘记了，和我们关系最亲密、最亲近的人，实际上就是我们自己。对自己好一点，不要对自己太刻薄。记住，你也是特别的，与众不同的，也是值得尊重的。

我们都知道“爱邻里就像爱我们自己”，这句话强调的是“爱邻里”。但是，要爱邻里，我们首先就要爱自己。如果我们想爱邻里多一些，我们就应爱自己多一些。越爱自己，我们就越爱别人。越能接受自己，我们就越能接受别人。

激励你自己，你就能变得坚强，充满爱心，活得健康。不断*认可*自己的独到之处，*肯定*自己身上的优点。把自己想象成一个成功的、充满爱心的、开朗的、自由自在的人。注重自我形象的树立，使自己变得更坚强、更自信。喜欢自己，爱自己，做自己的好朋友。

呵护友情

你最后一次对朋友表达爱意是什么时候？最后一次对你的支持者、朋友和爱人说声“谢谢”又是什么时候？学会感激他人，学会与他人分享这份感激，你才能加深与他人的友谊。“我真的很珍视我们的友谊”——这样发自内心、意义深刻的话语会让你收获很多。

世界上没有什么东西能比友谊更珍贵。成为别人的好朋友吧！也让别人做你的好朋友。学会接受别人，爱他们，无条件地爱——无论他们爱不爱你，对你的爱有没有回应。不要等着别人迈出第一步。大胆地向前走吧！除了孤独，你什么也不会损失。

改变同别人的关系实际上就是改变自己

我们大家都是宇宙大家庭中的一员。如果我们希望自己能快快成长起来，在与人交往的过程中就应爱护他人，关爱他人，并做到言而有信。处理人际关系的道路就是一个人变化成长的道路。这条路上充满着冒险、探索，有时甚至是迷惑。交往可能是从一些微不足道的小事开始的：态度的转变，一次感动，公共汽车上的一次互望，真诚地对待一个陌生人。但是，这种关系不久后就可能会进一步加深，后来可能变成了值得庆祝的事。我们开诚布公，成了朋友，经历了以前从未经历的事。

第十九章 定期进行训练以获得丰厚回报

我们都喜欢成功，但有多少人喜欢为此接受训练？

——马克·施皮茨

1972年，在慕尼黑，一位并不出名的游泳选手平静而自信地站在水池边等待发令枪响。这是他第一次参加奥林匹克运动会并进入了决赛。发令枪响了，他跳入水中，奋力朝终点游去。很快，他获得了这个比赛的金牌，并创造了新的世界纪录。令人难以置信的是，他在慕尼黑共参加了七场比赛，赢得了七块金牌，并刷新了七项世界纪录。这在奥运会历史上也是一个伟大的创举。全世界一下子就知道了这个名字：马克·施皮茨。

施皮茨的成功不是靠运气或机遇，而是日复一日、年复一年全身心投入训练的结果。他坚信自己会获得冠军，从而全身心投入比赛，最终获取成功。所有希望自己更加优秀的人都应该谨记他的话："我们都喜欢获胜，但有多少人喜欢为此接受训练?”

令人欣慰的是，有效利用意念的力量，并不像获得奥运冠军那么费力。如果是那样的话，很少有人会去用它。但是我们需要花费一些时间，它不会奇迹般地产生。

阅读这本书只是我们培养和运用意念力的第一步。一个人要至少练习三十天，才会理解这种方法并从中受益，而真正的益处要在六十天到九十天后才会出现。在最初的几天或几个星期里你也会有一些显著的变化，但你一定要清楚，只有进行持续的训练，才会产生持久的结果。

最重要的是让学员们记住，为了获得稳步的提高，有规律的训练是很有必要的。当你错过了一天的训练，就有必要用三四天的训练来弥补可能会出现的倒退，至少在提高的初级阶段要这样。每天有规律地练习五分种胜过有时一下练半小时，有时又一点也不练。

设想成功的场面

如果不想得到回报，没有人会去努力。参加奥运会的运动员进行漫长而又艰苦的训练，是因为赢得金牌的目标和成为世界最佳运动员的满足感就在他们面前。

一个工人每天去工作，是因为他们每月都能拿到薪水。

一个企业家投入全部精力去经营企业，是因为他能收获成功的果实。

一个勤杂工花费整晚的时间来改善地下室的条件，是因为他知道他的努力会最终创造一个舒适的娱乐空间。

所有的努力都是因为有丰富的回报和劳动成果。如果没有这些回报，人就不会有理由和动机去工作。我们很少有人会纯粹为了兴趣而工作。

二十一世纪需要新的技能。如果想取得成功，就必须具有直觉力、解梦的能力、想象力和创造力。我们现在处在一个崭新而令人兴奋的时代，本书阐述了一些方法，你从中可以学到一些必要的技能，你也能够从中受到一些启发，使你发挥最大的潜能。但是阅读本书还远远不够，你必须在实践中加以体会，才能取得成功。

你有没有想过对大脑进行训练会产生什么效果？

如果你认为意念力只是“积极的想法”或“一个有趣的概念”，或者你认为“它有可能会起作用，有可能不起作用”，那么你永远不会做出必要的努力来训练你的大脑。我们只有在脑海中形成我们能成就的美好图景时，我们才会有足够的动力不断工作来创造我们的美好未来。

充满机遇的精彩生活在等待着你，你想拥有的一切都在你的掌握之中。时机已经成熟，你准备好了吗？

仔细地阅读这本书，学习所有的成功法则，有规律地训练，很快你就会收获丰厚的回报。

附　　录

推荐阅读书目

我历经二十五年的研究，在总结二十年的教学体验基础上写成此书。怀着与生俱来的好奇心，通过大量的阅读，我积极地寻找任何与人类潜能、尤其是人类精神相关的所有资料。这些探索让我思考了许多有趣的问题，其中有一些非常有成效，而另一些则无太大价值。我个人的成长经历（是的，我确实也在实践我所信奉的法则）和我在世界各地通过培训学员所获得的见解，让我更好地了解了人的意念和它所拥有的难以置信的力量。

在此我没有列出我参考的所有书籍和资料（有一些已无法记住名称），我更愿意与你们分享我认为最有价值的一些书籍，这样，感兴趣的学员就可以根据自己的爱好进一步地去研究了。

下面就是我所推荐的书籍和资料，排名不分先后：

《道的哲学》（*The Tao of Physics*），弗里特杰夫·卡普拉（Fritjof Capra）

《宝瓶同谋》（*The Aquarian Conspiracy*），玛丽莲·弗格森（Marilyn Ferguson）

《潜意识的力量》（*The Power of Your Subconscious Mind*），约瑟夫·墨菲（Joseph Murphy）

《身心合一》（*In Tune with the Infinite*），拉尔夫·沃尔多·川恩（Ralph Waldo Trine）

《个人真相的本质》（*The Nature of Personal Reality*），珍·罗伯兹（Jane Roberts）

《荣格解梦书：梦的理论与解析》（*Jungian Dream Interpretation*），詹姆斯·霍尔（James Hall）

《梦的方式》（*The Way of the Dream*），佛雷瑟·保尔（Fraser Boa）

《梦之路》（*The Little Course in Dreams*），罗伯特·伯尼克（Robert Bosnak）

《神秘的卡巴拉》（*The Mystical Qabalah*），迪翁·弗琼（Dion Fortune）

《坐禅》（*The Zen Environment*），玛丽安·蒙坦（Marian Mountain）

《禅宗的三大支柱》（*The Three Pillars of Zen*），罗希·菲利普·卡普罗（Roshi Philip Kapleau）

《寻找梦想》（*Seeker of Visions*），雷姆·迪尔（Lame Deer）

《埃德加·凯西手册为你创建美好未来》（*The Edgar Cayce Handbook for Creating your Future*），马克·瑟斯顿，克里斯托·弗泽勒（Mark Thruston and Christopher Fazel）

《超级学习》（*Super Learning*），希拉·奥斯特兰德，琳·施罗德（Sheila Ostrander and Lynn Schroeder）

《思考致富》（*Think and Grow Rich*），拿破仑·希尔（Napoleon Hill）

《万能钥匙》（*The Master Key*），查尔斯·哈内尔·施罗德

(Charles Haamel Schroeder)

《神奇的孩子》（*The Magical Child*)，约瑟夫·皮尔斯(Joseph Pearce)

《学习魔术》(*Apprenticed to Magic*)，沃尔特·欧内斯特·巴特勒（W. E. Butler)

《一堂奇迹课：建立内心的平静》（*A Course in Miracles*：*Foundation for Inner Peace*)

《量子意识》(*Quantum Consciousness*)，斯蒂芬·沃林斯凯(Stephen Wolinsky)

《全息宇宙》(*The Holographic Universe*)，迈克尔·塔尔博特（Michael Talbot)

《卡尔·荣格全集》(*The Complete Works of Carl Jung*)，约瑟夫·坎贝尔，让·休斯顿（Joseph Campbell and Jean Houston)

“意念力”培训课

由约翰·基欧发起的“意念力”培训课程现在由他的门生罗宾·班克斯传授。他由约翰·基欧亲自挑选、培训并指导，作为他最好的代言人来传授“意念力”。

罗宾·班克斯在全世界拥有众多的追随者，他富有激情，非常渴望能通过他的演讲激发人们去主宰自己的命运，为自己、社会和国家创造美好的未来。

他是一个充满活力的演讲者，才华横溢，会把一些生涩枯燥的理论用幽默生动的语言阐述出来。各行各业的人，从包装工人到公司总裁听完他的演讲都受到激励，生活发生了巨大的变化。

一期培训班会提供四周多的课程，要求参加者每天进行二十到三十分钟的特定训练来唤醒他们的意识和潜意识。

如想了解更多“意念力”培训班的信息，请登录网站www. robinbanks. co. za或发送邮件到info@ robinbanks. co. za，还可以打电话0861 722657（RBanks）。

有幸跟随罗宾学习的人，都会被他的激情和力量所感染。他是一位天生的演讲家和导师，不仅理解“意念力”的所有成功法则，并且能很好地阐述它。任何学习“意念力”课程的人肯定都会得到最好的培训。

约翰·基欧

欢迎访问我们的网站：Http：//www. learnmindpower. com